U0502907

内在自我：发现真实自我的乐趣

［澳］休·麦凯 著

李江枫 译

中国科学技术出版社

·北 京·

Copyright © Hugh Mackay 2020

The moral right of the author to be identified as the author of this work has been asserted.

This translation of THE INNER SELF: THE JOY OF DISCOVERING WHO WE REALLY ARE by Hugh Mackay is published by arrangement with Pan Macmillan Australia Pty Ltd.

The Simplified Chinese translation Copyright © by China Science and Technology Press Co., Ltd.

All rights reserved.

北京市版权局著作权合同登记　图字：01-2021-7103。

图书在版编目（CIP）数据

内在自我：发现真实自我的乐趣 /（澳）休·麦凯著；李江枫译 . —北京：中国科学技术出版社，2021.12

书名原文：The Inner Self: The Joy of Discovering Who We Really Are

ISBN 978-7-5046-9296-2

Ⅰ.①内… Ⅱ.①休…②李… Ⅲ.①心理学—通俗读物 Ⅳ.① B84-49

中国版本图书馆 CIP 数据核字（2021）第 228547 号

策划编辑	申永刚　王　浩
责任编辑	申永刚
封面设计	马筱琨
正文排版	锋尚设计
责任校对	邓雪梅
责任印制	李晓霖

出　　版	中国科学技术出版社
发　　行	中国科学技术出版社有限公司发行部
地　　址	北京市海淀区中关村南大街 16 号
邮　　编	100081
发行电话	010-62173865
传　　真	010-62173081
网　　址	http://www.cspbooks.com.cn

开　　本	880mm×1230mm　1/32
字　　数	151 千字
印　　张	7
版　　次	2021 年 12 月第 1 版
印　　次	2021 年 12 月第 1 次印刷
印　　刷	北京盛通印刷股份有限公司
书　　号	ISBN 978-7-5046-9296-2 / B·77
定　　价	69.00 元

（凡购买本社图书，如有缺页、倒页、脱页者，本社发行部负责调换）

关于本书

《内在自我：发现真实自我的乐趣》一书描述了我们如何逃避真实的自我，以及当我们直面"真正的自己到底是谁"的拷问时，最终所获得的心灵自由。

休·麦凯探讨了我们首选的20个"藏身之处"，从上瘾到物质主义，从怀旧到受害者心理。他阐明了我们是如何因为惧怕爱所需要的代价，而使自己陷入躲避真实自我的境地。

他认为，爱是我们的最高理想，是生活意义与目的的最重要来源，是我们获得安全感、安宁与自信的关键。

然而，麦凯还阐明了人性中最大的矛盾之处，即爱能让我们展示出人性中最好的一面，但我们并不想一直展现最好的一面。

《内在自我：发现真实自我的乐趣》凭借有力的文笔和穷尽一生的研究，成了这位澳大利亚著名心理学家的一部极具启发性的作品。

致希拉

如果你对"我是谁"这个问题感兴趣，但不确定答案是什么，却暗自怀疑其他人眼中的你并不是"真实的"你，那么这本书就非常适合你。

《内在自我：发现真实自我的乐趣》标志着我的研究方向从社会学转移到我的主要研究领域心理学，也标志着一种向内的转变。作为一名社会学研究者，我本该更关注人类态度与人类行为的社会层面。当问及"我是谁"时，我绕开了如何理解"自我"相关的心理学问题，着重强调了"身份"，也就是别人通过我们的行为投射到我们身上的自我。

这也是为什么我建议，如果你想要知道自己的身份，应该去了解你身边的人对你的看法，包括你的父母、家人、朋友、邻居和同事。但在这其中，我淡化了关于真实自我的概念，而这个自我可能独立于社会建构的身份。

"身份"只占本书主题内容的一半。除了人人都有的、通过社会建构的"个人身份"，我们还有一个层次更深的、基于自我感受的自我。这个内在自我的概念，从千禧年开始，就一直是哲学、神学讨论的主题，最近更是吸引了许多心理学研究。为了方便一同探讨，这个自我也就是我们经常逃避的那个自我。

丹麦哲学家索伦·克尔凯郭尔（Søren Kierkegaard）曾说："一个人最深的绝望就是选择成为别人。"选择成为别人这一表述似乎听起来很奇怪，但随着我对我们最爱的藏身之处的了解加深，我愈发为克尔凯郭尔（以及许多跨越古今的其他圣贤）的智慧所折服：假装自己是另外一个人的确能够导致绝望，尽管我们或许不知道原因。

"绝望"这个词或许听起来有些阴郁，但请读者放心，本书的基调是积极的、充满希望的，本书旨在帮助人们避免因伪装自己而产生绝望。读完这本书后，你会收获更自由、更充盈、更加没有遗憾的人生。

目录

第一章

何为"自我"

我如何才能突破所有外在的表现，

与内在的自我建立联系？

我如何才能真正做自己？

英国演员艾玛·汤普森（Emma Thompson）在《时代》（*Time*）杂志中说，在即将60岁的时候，她思考了一个问题："社会成功地把一些角色强加给我们，从女儿到妻子，到母亲，再到专业人士。但是这些角色真的能代表我们自己吗？我们要把这些角色一层层剥离，然后思考'我到底是谁'。以前我总是认为这是一个很无聊的问题，现在我发现它很值得思考。"

如果步入60岁时能开始思考这个问题，那在40岁、50岁，甚至是80岁的时候也一样可以。

经历创伤、痛苦和遭受苦难等人生重大事件会使人思考"我到底是谁"，比如离婚、重大疾病、破产、严重事故、亲友去世等。新冠肺炎疫情肆虐，造成社交隔离、大规模失业等种种混乱，同样让许多人重新思考自己更在乎什么。一些意外之喜也能给人带来启发，比如坠入爱河或孕育生命。

但是，顿悟也会发生在一些平凡时刻，一旦灵光闪现，你会发现这些道理是如此简单。比如，深夜你躺在床上，久久无法入睡，思索自己为什么没有过上想要的生活，于是扪心自问：我的人生难道不应该过得更好吗？接着又疑惑自己是不是可以做得更好。随即你决定改变现状，寻找人生中遗失的美好。

或者，你正拿着电话聊天，突然发现另一端没有回应，这才意识到原来电话早就已经挂断了一阵子，而你对着空气不知道聊了多久，瞬间觉得自己这样有些蠢，心情也变得烦躁起来，怀疑这件事是否就是你人生的缩影：充斥着太多毫无意义的交谈，却没有足够真正的交流。转念一想，如果多倾听自己的心声，多和自己交流，多反省，人生会不会变得更好。

又或者，你刚洗完澡出来，感到神清气爽，精神奕奕，一身轻松，脑袋一瞬间清晰地了解了真正的自己。用毛巾擦干身体时，你又在思索如果能接受真正的自己，那在与他人交往时是否也会变得更真实。

有时候，沮丧阴郁的情绪也能让人反省自己。可能你会对自己生活中的一些事感到失望懊恼，也不知道为什么，就是感觉无精打采，隐隐约约地不舒服，或者只是疲于应付别人对自己的诸多要求，觉得自己没用，随波逐流，找不到方向。为了让自己更加专注，你可能会开始为自己设立目标，比如写下每天待办事项的清单或自己"未来五年想成为什么样的人"。

比起这些，我有一条更好的建议，那就是审视自己的内心。

古希腊人提出"认识自我"是拥有完满人生的基础，这并不是玩笑话，他们甚至将这句话铭刻在著名圣城特尔斐的阿波罗神庙入口处。据柏拉图所说，苏格拉底非常推崇这一观点，他曾教导人说"未经审视的人生不值得度过"。虽然以苏格拉底的特权地位，提出这样的观点有些站着说话不腰疼（更不用说他还是一个精英主义者），因为不是每一个人都有能力或机会反思自我。但是，他的主张背后有着合理的思想：对自我的认识越深刻，就越能过上有意义、目标明确的生活，而这样的人生能让我们拥有高尚的品格，也就是"自尊"。

尊重自我的前提是要认识真正的自我。否则我们会落入"自大"的陷阱，狂妄地认为自己很了不起（但总会有相反的事实出现），而无法体验真正的自知所带来的从容与自信。然而，就像许多善于思考人类处境的哲学家、心理学家和神秘主义者那样，英国佛学家兼作家斯蒂芬·巴彻勒（Stephen Batchelor）认为，我们花费了大量时间来逃避真正的自我：

我们有多少次发现自己兴高采烈地投身于不重要的小事，尽管潜意识正悄悄告诉我们做这些事情根本毫无意义？我们又有多少次看似与人认真地交谈，尽管心中暗暗明白自己所言不过是一个连自己都不相信的海市蜃楼？

如果忽略真实的自我，生活便会大打折扣，谁会愿意呢？自我反思与自我探索不仅使我们个人受益匪浅（或许能改变我们的性格），还能为我们的人际交往带来一种满足感——无论是与家人、与邻居、与同事，还是与我们接触的其他人。自我认知并不能带来完美的生活，但对于成就真实的、完满的人生，则是十分必要的。

然而，这并不是一件简单的事情，可能需要我们窥探内心阴暗的角落，发掘某些隐秘的动机，正视某些不那么令人愉快的真相，譬如我们的弱点与缺陷（当然我希望也有令人愉快的惊喜）。创作这本书的难度不亚于阅读，希望我的读者能因此感到安慰，我也需要面对我的缺点所带来的深层次问题。

例如，我会问自己，我的两段婚姻是如何结束的？是否跟我一直以来都认为自己从一而终有关？我能否可以更有同理心、更宽容地处理分手和离婚的问题？（其实我可以。那么我为什么没有这么做？）为什么有些友谊可以维持下去，而另一些不行？我是否让工作影响到家庭生活了？（是的。那么我又是怎么让我的做事优先级背离了我的价值观的？）我是否真的像我有的时候假装的那样聪明？（当然不是，也没有人这么觉得。那么我为什么要假装呢？）

还有些问题或许你也会碰到：为什么我经常难以达到自己的期望——无论是作为父母、作为伴侣，还是作为朋友？我过于关注无关紧要的人的需求了吗？在我余下的生命里，最值得做的事是什么？我已经八十多岁了，现在回答这个问题似乎更有说服力，但在人生的每个阶段，我们都有可能面临这个问题。

让我们重新回到前文提到的倦怠状态——困惑、挫败、没有动力和方向——这常常意味着理想与现实生活的脱节，意味着我们未来的规划忽略了内心真实的声音。美国精神病学家罗伯特·A. 贝雷津（Robert A. Berezin）说，我们每个人都会感觉"我们最深层次的自我与我们平常的自我认知相距甚远"，这解释了我们对内在自我的困惑："每个人都或多或少地感到他们有某种隐藏的'真实自我'。"

　　为了验证这个想法，问问你自己：我是否能对真实的自我产生某种更深、更持久的感受？这种自我不同于我通过各种社会身份所展示的自我——包括作为父母、朋友、同事、子女、兄姐、父母、邻居、顾客、雇主、公民。在扮演这些社会角色时，我能否在这些角色之后感受到一个"真正的自我"？能否感受到这个自我有能力观察，甚至评判我的表现？能否感受到这个自我超越了我的行为、我的社会身份、我的过去、我的梦境和未来？

　　你可以把自我想象成一粒种子，把我们向外界展示的样子看成外壳——用来保护里面的种子不被看见、不被掠夺。由于这层外壳（人格面具）是用来自我保护的，跟里面的种子（自我）相比，它自然更强硬，更有防备心，更喜欢跟人竞争，少宽容，多偏见。对于里面的种子来说，这层种壳是完美的保护伞，但如果我们过于关注外壳而忘记了内在的种子，这便是一个悲剧性的错误。

　　在《陀思妥耶夫斯基：语言、信仰和小说》（*Dostoevsky: Language, Faith and Fiction*）一书中，罗恩·威廉姆斯（Rowan Williams）指出，现代社会真实性的缺失，和我们为失去与自我的"深层"联系所付出的高昂代价，是陀思妥耶夫斯基作品的中心主题。《卡拉马佐夫兄弟》中有一句经典名言："首先不要对自己说谎。如果一个人对自己说谎，相信自己的谎言，以至于不再关心任何关于他自己或者周围的真相，便会失去对自己和他人的尊重。失去尊重的人，便不能再爱。"

　　澳大利亚著名艺术评论家塞巴斯蒂安·斯密（Sebastian Smee）

在他的季刊论文《净损失》（*Net Loss*）中引用了安东·契诃夫的小说《带小狗的女人》中的一段话："他靠自己评判别人，却从不相信自己所见，而是相信每个人真实的、最有趣的生活都在秘密与夜色的掩盖之下。"斯密指出，大量的文学作品都致力于探索"真实自我和虚假外在之间令人不安的割裂"，包括弗吉尼亚·伍尔夫、马塞尔·普鲁斯特、詹姆斯·乔伊斯、罗伯特·穆齐尔、阿尔贝·加缪、克莉斯蒂娜·斯台德和艾丽丝·门罗的作品。在爱尔兰小说家萨莉·鲁尼的《与朋友们的对话》（*Conversations with Friends*）中，21岁的主角毫不含糊地说："我不是我假装的那个人。"

《麦田里的守望者》（该书的中心主题就关于"虚伪"）的作者 J. D. 塞林格，在开始写作之前这么描述认识"真实的自我"的过程："卸下我自己的伪装就需要花费一个多小时的时间。"

一则关于婚姻的小故事

乔治娅和迈克尔都三十多岁了，他们疯狂地坠入爱河，并决定要结婚。他们（经常）说他们在彼此面前毫无保留。"没有秘密"是他们引以为傲的相处准则之一。向对方坦白过去的恋爱经历、分享进入脑中的所有想法，这些能让他们感到舒适。他们一致认为，自己从来没有对其他人如此坦诚过。

在一起生活两年后，乔治娅开始思索夫妻间的毫无保留是否真的那么好。有时她宁愿不知道迈克尔告诉她的一些事，这些事大部分跟他的工作有关；甚至她觉得他对于某些事情的真实看法变得愈发令人难受，例如跟乔治娅的父母吃饭，以及有关隔壁邻居家的小孩。偶尔她会发现自己讲话也很尖酸："你还是闭嘴吧！"在过去，她从未想过自己竟会对丈夫的倾诉有如此的反应。

还有些时候，她会发现自己脑中充满了对于迈克尔的不好的想法——作为一名银行货币交易员，他在工作中是否诚实；他在恋爱甜蜜期之后是否还有持续给予爱的能力；他禁酒的决心是否坚定。尽管（有一天）他们在想要孩子的问题上达成了一致，但她开始怀疑他是否有足够的能力抚养孩子：她开始想，如果我们要了孩子，那我就要同时照顾两个孩子了。

乔治娅震惊地发现，相比丈夫迈克尔，有些事情讲给她的闺蜜玛吉听更容易，比如她的不安、怀疑，和那些最没有把握的想法。玛吉善于倾听、有同理心，回答她时总是精力充沛、有条不紊。玛吉自己最近也抛弃了跟她共同生活五年的男人，因为他总说她像一本封闭的书。而玛吉说，当她敞开心扉，在他面前展示自我时，他也从不会去在意，"包括那些不好的东西"。

"显然，他更喜欢封闭的书，"她告诉乔治娅，"他只是喜欢书的封皮，却不想知道里面写了什么——不想知道真正的我是谁。我觉得他更多的是害怕自己不喜欢书中的内容，害怕自己不喜欢我真实的想法。他或许是对的，不过无论如何，我受够在他面前假装开心的样子了。"

当乔治娅开始思考，如果她把自己的疑虑全部告诉迈克尔会怎么样，如果她像他们所承诺的那样诚实与毫无保留会怎么样，她发现自己没办法想象自己那么做。渐渐地，她意识到这种"毫无保留"本身就是一种欺骗：她意识到自己经常取悦迈克尔，说一些她知道他想听的事情。她开始怀疑他是否跟自己一样，也是伪装成她喜欢的样子，而非坦率地表露自我。

随着这种怀疑渐渐增加，乔治娅逐渐发现了更多从一开始就存在的虚伪表现。她不喜欢他们一起去听的某些乐队，但为了不改变迈克尔对她的看法，她选择不说。迈克尔愈发粗俗的语言有时让她很厌烦，但她从来没跟他提起过。她无法忍受迈克尔最好的朋友，她觉得他是个下流的人，但这也没法跟他说。当这位跟迈克尔一起工作的朋友被调到另一个州时，她终于松了口气。

最后，乔治娅跟玛吉坦白，即便她没有对迈克尔说出自己内心深处对他的疑虑，她也害怕，如果自己对迈克尔更诚实后会发生什么。

与此同时，迈克尔也对他的朋友说，他跟乔治娅之间的关系似乎失去了从前的快乐。"我试图对她诚实，但是我工作上的一点小事都会引来她的道德审判，所以我就不再跟她谈论这个话题了。有时候喝酒也没告诉她，她的标准太高了，对于我们的'毫无保留'准则也是如此，就好像我们本就应该互相坦白每一件小事一样，有时我觉得自己像是被钉在显微镜片上观察的虫子。"

他们又坚持了一年。一天晚上，迈克尔醉醺醺地回家告诉乔治娅，她是个十足的讨厌鬼。她收拾行李去找玛吉住了，两个人就这么结束了。没有孩子、没有抵押，财产分割非常容易，反而是情感上的遗留问题更加复杂。迈克尔埋怨自己酗酒，并且试图说服乔治娅，让她相信自己会改变，虽然他也不确定自己能不能做到。迈克尔意识到自己可以写一个清单，上面列出自己无法对她坦诚相告的东西。他怀疑他们之间已经有了无法弥合的鸿沟。同时，他的朋友还在催他搬到墨尔本，开始新的生活。

除了伤心和因这段关系的短暂结束而感到尴尬之外，乔治娅对于两人分手的反应就是感觉终于解脱了，她再也不用假装自己是另外一个人了。

"为了让自己看起来像他想要的那种人，我自己都变得扭曲了。"她告诉玛吉，并且讽刺地发现，现在这种状况正是她和迈克尔曾经想要杜绝发生的。

"小心这种关于'毫无保留'的承诺，"玛吉说，"如果你非要吹嘘它的好处，大概率这种好处是不会实现的。很多人宁可不了解他们的伴侣的全部事情。我妈妈非常喜欢让我爸爸去猜，这种方式对他们很有用。"

存在主义与本质主义

　　并不是所有人都认同人类存在一个本质的自我（essential self）。自我究竟是内在的现实还是精神上的实在（essence），一直是哲学史上的争论焦点。这一话题在20世纪因存在主义者[1]而再度流行起来，他们认为"自我"仅仅是一种虚构的幻觉，用西班牙哲学家奥特加·伊·加塞特（José Ortega y Gasset）的话说，"人类并没有本质（nature），人类仅拥有历史"。正如这句话所言，存在主义者认为，我们的存在，也就是发生在我们身上的事、我们所做的事，便是"我们是谁"的总和。对于存在主义者来说，所有内在的、心理层面的东西都是无意义的。

　　20世纪中叶美国著名的心理学家之一伯尔赫斯·弗雷德里克·斯金纳（B. F. Skinner）也赞同存在主义者的观点。斯金纳的"行为主义"心理学派认为，关注于心灵（mind）和愿望（will）这样的概念，远不如对具体的行为展开细致的分析。他认为所有将内在心理现象引入人类行为研究的行为，都是"心灵主义"（mentalism）之流[2]。

　　存在主义和行为主义风靡于人类历史的黑暗时期，即第二次世界大战和战后时期，当时弥漫着一种关于绝望的文化，它反映在萨特最著名的作品，如《存在与虚无》和《厌恶》中，以及阿尔贝·加缪的《局外人》、贝尔托·布莱希特的讽刺剧《阿吐罗·魏发迹记》和一

---

[1] 以让·保罗·萨特（Jean-Paul Sartre）最为知名。

[2] 对于一个心理学家来说，你可能认为这种观点非常奇怪，但斯金纳的方法更多的是与大西洋彼岸流行的弗洛伊德精神分析学派分庭抗礼的结果，弗洛伊德着重强调了潜意识的作用。

批极度悲观的英国小说中[①]。正如弗朗茨·卡夫卡的《审判》所预言的那样，"无意义"是一个宏大的主题。承认有某种人类本质存在，对这些作家来说简直难以想象。

他们与唯心主义者及本质主义者形成了鲜明的对比，后者可追溯到古希腊哲学家柏拉图，他将人类本质的确存在的思想注入了整个西方思想当中。这是一种我们都可以为之奋斗的人道主义理想，一种除去我们的行为之外，还存在的内在、真实的自我。

尽管存在主义者和本质主义者坚称"意图"（intention）这样的概念毫无意义，但对于我们来说，当我们权衡采取某一行为的可能后果时，常常会感到内心的痛苦挣扎，这难道不是真的吗？

甚至当我们采取行动时，我们也会感到紧张和不安，或许是行为无法达到预期，我们取得的成效没有想象的多，又或者我们在此过程中扭曲了自己（就像乔治娅对迈克尔做的那样）。显然，此刻我们的行为跟我们内心感受到的"自我"发生了冲突。

存在主义者和本质主义者对"自我"的研究方式截然不同，然而，他们都有助于加深我们对于"何为人"的理解。如果你愿意相信，除了别人通过你的行为看到的"存在的你"，还有"本质的你""真实的你""内在的你"，那么就继续读下去。

当我们谈及本书的核心问题，即你如何逃避自我，又是为什么逃避自我，"逃避自我的存在"这个概念其实无关紧要。确实有些人想要否认过去的经历并改写它们，但是，我们大多数时候想要逃避的是我们内在本质的东西。

在我们开始这个东西之前，我们需要区分真实（或本质）的自我和"个人身份"（personal identity）。当人们想要探寻自我时，很多人首先想到的是这个概念。

---

① 如乔治·奥威尔的《1984》、威廉·戈尔丁的《蝇王》、安东尼·伯吉斯的《发条橙》，以及约翰·勒·卡雷和连·戴顿（Len Deighton）的第二次世界大战后流行的间谍小说。

我们的"个人身份"源于社会建构

身份认同（identity）即意味着个体间的差异。正如这个词语本身，它指的是我们如何通过个人身份认出（identify）彼此、如何辨别自己和他人。我们的本质自我基于共同的人性，因此我们会和别人有一些非常相似的品行，但我们通过与别人在外表、谈吐、行为、理念、观点、个人表现方式等方面的对比和区别，以及对自己个性的强调，来定义自己的身份。如果我们永远一个人待着，不与外界接触，我们便始终能感受到真实自我的存在，也就是内在的自我，此时我们就没有身份认同的需求。

澳大利亚社会研究学者理查德·埃克斯利（Richard Eckersley）用一种创新性的方式解释了通过社会建构的个人身份认同。这种解释基于对原子的科学解释，即原子更像是一团模糊的电荷团，而不是内有电子绕核运动的固体颗粒。通过类比，埃克斯利思索道，"如果我们不把自我视为一个个的物理实体，而是各种关系力场作用形成的团状物"，我们或许能更好地理解何为个人身份认同。这种自我是由我们的各种社会关系构建的……有的密切，也有的疏远。

你无法对着镜子或者凭想象找到你的这种身份，它基于你的社会背景：你的父母或其他爱你的人、你的家庭、你的孩子（如果有）、你的同事、你的朋友、你的队友、你的邻居……那些曾跟你待在一起，并接纳你为团体一分子的人。思考一下你的社会角色和责任、你的个人经历、你对于周遭世界的影响，这些都是构成你身份认同的一部分。

正如同"国家身份"（national identity）的概念离开其他国家便毫无意义（法国人需要通过与比利时人、德国人、西班牙人、意大利人和英国人的区别，来赋予"法国人"这个词语意义），个人在定义自己的身份时，也需要其他个体作为参照物。

　　这种身份通常只是一种表象，即我接纳我所处的环境和我所处的位置要求我应该做到的事，我于此发展出某种特定的人格、塑造出某种形象。这些都是关于我身份的一部分，却可能跟我的内在本质相差甚远。正如美国乡村歌手多莉·帕顿（Dolly Parton）所说："我不介意别人叫我'金发傻妞'，我知道我并不傻，也并不金光灿灿。"

　　日本文化已正式认可人们在公众场合和私人场合表现出的不同面孔，日语中的"本音"（honne，意为真心）指我们的私人想法和情感，也就是我们真正的自我；"建前"（tatemae，意为场面、表面）指我们为了融入社会而在公共场合表现出的面孔①。由于日本人口密度大，日本社会格外注重人与人之间的日常礼节和尊重。有时，"建前"甚至要求人们说谎，以防人们表达出真实感受，从而引发冲突。

　　西方人或许认为这种行为是在"装腔作势"，甚至是虚伪，但日本社会一直坚持着这种传统礼节，以防止个人主义和竞争性的风气崛起，导致社会分裂。这并不是否定或者压抑自我：在日本文化中，了解人的真实内在，也就是"本音"，对于心理健康与人格完整的重要程度不亚于其他内容。

露西的应对策略

　　我的父母在我十三四岁的时候离婚了，随后我和我弟弟布拉德经历了一段不稳定的时期。我妈妈追寻着她的新生活，带着我们不停地从一个地方搬到另一个地方，从来不知道自己到底想要什么，也没有打算安定下来。因此，我和我弟弟在四年内换了六所不同的学校。

---

① 与此类似，中国有"里子"和"面子"，伊朗人用"zaher"和"batin"指代自我的两个不同层面，即内在的自我和社会的、公开的自我。

在最初去的几所学校里，我被扣上了"怪异"的帽子而遭到了嘲笑和欺凌，这主要是因为我的口音，其他女生觉得我的口音矫情、做作，之后我很快便学会了适应。如果需要，我能轻易地让自己的讲话方式变得更粗犷，或者更柔和，甚至更优雅，或者更冷漠，或者更老练或更庸俗。从一个地方搬到另一个地方时，为了融入新团体，我的穿着打扮也不一样。在某一所学校里，我甚至染了粉红色的头发（我妈妈很喜欢，她喜欢嬉皮士）。

确切地说，我这么做并不是因为想要得到某个团体的接纳，尽管我妈妈就是这么认为的。这样做更像是探索如何天衣无缝地融入当地的社会环境。在某种程度上说，有点像是故意保持低调，我觉得我想要避免不必要的关注。

甚至在当时，我就能意识到我戴着很多不同的面具，并且为自己随意切换面具的能力而感到骄傲。我知道我只是在扮演某个角色，并且常常思索有多少女孩也像我一样。这不过是你为了融入某个小团体所要做的事。偶尔我也会跟一些姑娘交心，此时她们看起来会有些不同——总的来说，这种情况下她们对我会比对别的朋友更好，这有点奇怪。回忆起来，我敢诚实地说我从未忘记过内心深处的自我，当我在做某些事情时，我能清楚地意识到那并非真实的我，但是这么假装是很痛苦的。

我还采用这种方式处理我跟父母的关系，对着他们表现出不同的样子。在他们不欢而散之后，我不确定这种方式对我来说是不是一个自我保护策略，把我受到的情感伤害降到最低，或者说我仅仅是想用不同的方式取悦他们两个。这听起来很可悲，但我当时认为，为了维持某种平和的关系，无论我跟他们两个哪一个在一起时，都需要成为他们理想中的女儿。但他们想要的女儿是截然不同的——我妈妈想让我像她一样，做一个自由自在的人；我爸爸却想要我像他那样，成为一个勤奋、保守的成功人士。后来我才逐渐意识到，他们对我不同的期望，以及他们跟我保持关系的不同方式，不过是他们之间巨大鸿沟的表现之一。

我有时会想，如果他们没有离婚我会怎么样。我应该不会变成两个版本的我，来取悦他们每一个人。这就好像在学校一样：一直以来，我都确信我心里存在一个真实的、私密的"露西"，也就是"内在的露西"，她不会因为我所有的伪装而改变。我的父母看不见那个真实的自我，我猜他们也不知道那个阶段真实的我是谁。仔细想想，这太可悲了，对我们都是如此。如果一切没有发生，我或许能充满自信地做自己，但看样子是不可能的，现在我对他们很防备。

我在二十多岁的时候经历过几段失败的感情，但当我遇到杰克时，我生出了一种巨大的感激之情——我终于能对某个人展示真实的自我了。我甚至能够对他坦白这些年来我隐藏自我的挣扎：当时我担心朋友的嘲笑和父母的失望，会贬抑或伤害到内在的、真实的自我。

回顾过去，我弟弟布拉德在这方面的应对策略与我完全不同。虽然他也跟我一样，会跟随社会环境的变化而不断改变和调整自己，但他似乎更容易适应这个过程。就好像每一个新的身份对他来说都是真实的自我，他似乎也从来没有因为隐藏真实的自我而烦恼过。有一次我试图跟他讨论"内在的露西"以及相关的烦恼时，他好像并没有听懂我在说什么，或许是因为那时他太年轻了。但他看起来能从容应对一切，好像根本不需要努力。布拉德像一个变色龙，而我更像是魔术师，一个接一个地耍着把戏。现在我们再也没有讨论过这个话题，他依旧像过去一样热切。我不确定布拉德知不知道什么是痛苦，至少现在不知道。他依旧愿意主动融入跟他一起玩的人，但那不像伪装——或许仅仅是因为他比我更外向。他一定比我更受欢迎。

布拉德听起来像是很满意自己的身份随环境不断变化的感觉，这种身份完全由他所处的环境决定。而露西相反，她虽然满足了塑造身份所需的社会要求，但她在很小的年纪便能感受到自己的内在本质与那些不断变化的身份截然不同。

我们想要与他人不同，同时也想要通过所属的群体来定义（至少一部分的）自我，这个问题就更加复杂了。我们想要通过群体定义自我，是因为我们的个人身份认同感严重依赖于我们对团体精神、团体态度的契合。各种各样的身份能加深我们对每个人的认识，因为我们是社会动物，这一点是必然的。本质自我的概念并不与身份的概念冲突——前者仅说明，我们不仅是社会动物，因为我们有独特的内在，我们同样是独一无二的个体。

结合外在和内在，我们才能完整地认识自我、理解自我。它们无可避免地会有重叠，社会身份并不全部来自外在，而"真实的自我"也不全部产生于内在，我们不断塑造他人的同时，也在塑造我们自己。

触及"真正的自我"

我们如何与内在的变化和谐共处？我们应该如何看待公开"身份"与私密"自我"的差异？

有些人寻求咨询师或治疗师的帮助，在接受这种差异的过程中获得引导；有些人则投身于精神类的活动，例如祷告、瑜伽或礼拜仪式；有些人喜欢一个人安静地反省；有些人借助于致幻药物所带来的扭曲体验来加深自我意识；有些人参与正式的冥想训练；还有些人会尝试上述所有的方法。

冥想是此类活动中最为知名的，神经科学研究表明，它有助于反省自我，净化心灵，获得更高层次的安宁与平静。

冥想活动中有一种"慈心禅"，能够有效激发我们内心爱与同情的潜能。正如我们所看到的，这种能力是人类赖以生存繁衍的根基。

美国学者芭芭拉·弗雷德里克森（Barbara Fredrickson）及其来自北卡罗来纳和密歇根的大学同事们经研究发现，这种古老的佛教活动能够通过唤醒我们对他人的积极情感，将愤怒转化为同情，也能让生活充满目标感和满足感。

无论你选择哪种方式，当你发现自己假装另一个人，或者因为受到别人不合实际的奉承而感到尴尬和不舒服时，这便是一个好的开始。回想这些时刻就好像观看一部关于你自己的电影，之后你可以思考一下，你应当怎样剪辑这部电影，才能让它看起来更好。

你也可以想想别人对你的看法如何：他们怎样跟你维持关系？他们对你有何期望？他们对你有何预设？然后问问你自己，别人眼中的你和真实的你之间是否存在着明显的差异。

比如，你是否经常发现自己说的跟做的不一样？（我也有这个问题。）这背后可能有很多原因：或许你只想表现得更有礼貌；或许你真的想要言出必行，但很快便失去了信心；或许你还可能发现，无论你怎么说大话，你都不会打算这么做。而这背后隐藏的原因，还可能是你真正的自我、你的内在，不想让你这么做。

你是否经常说"我想要简化我的生活，但它却变得更复杂了"？那么，哪个是真正的你呢——是说想要简化生活的那个，还是不断让生活变得复杂的那个？

来看看这个问题："人们认为我是个精力充沛的人，但我并不想别人这么看我。我想要慢下来，变得更平和、更安静，可我为什么做事还是这么着急呢？"（好问题，我们会在第三章详细讨论。）

我们也可能想："如果我告诉你我想要过哪种生活，但当你看到我现在的生活状态后，你可能会不信。"或者是："别人夸我好看会让我感到不安，因为我的内在可能没有那么好。"

你是否暗暗担心，如果别人知道你真实的想法后，就不会对你这么热情和慷慨了？当你假装更谦虚、更有同情心、更加关心别人的时候，当你的"好"人格面具遮住你更复杂的，或许还有些阴暗的内在时，你是否感到自己"侥幸逃脱"了？

这些想法可能意味着你外在的身份和内在的自我之间差距太大，已经让你感到难受了。为了你的心理健康，你需要缩小这种差距。这些想法也可能是一种预警：如果你继续为了别人对你的看法而妥协，你的人格完整将会受损。这也可能意味着，你需要给自己做心理工作：即使是所谓的性格缺陷也是可以修复的。

露西决定向真实的自己靠近

在我的父母离婚和我不断转学的艰难岁月里，你知道我是怎么得知我的内在有一个不同的我、一个真正的我吗？我得了严重的胃痛。

一开始，我去了学校的医务室，但我的身体器官并没有检查出毛病，护士认为这可能跟例假有关，但我知道并不是这样，因为痛感完全不一样。最后我发现这是我的大脑在向我传递这样一种信息：露西，你没有忠于真实的自我！

我就知道会是如此，但我别无选择。只有这样我才能躲过霸凌和其他糟糕的事。直到现在，我都认为这是我当时唯一的生存方式。对于我父母之间的冲突，我又能怎么做？教给他们如何对我更通情达理吗？显然不可能。

事实上，这种胃痛莫名地令我心安。这就像我背负的一个秘密，好像我的胃也跟我一样，知道真实的我是谁。为此我瘦了很多，但我知道这是怎么回事，如果它真的发展到危险的阶段，我也能感觉到。学校里的一些女孩以为我得了厌食症，但其实不是这样。

上大学后，我下定决心要向真实的自己靠近。现在，一切就容易多了——大学里有很多不同的团体，如果你加入另类团体，也不会有那么多压力，你甚至都不敢说哪个团体才是另类的。排他的小团体并不多，他们大多来自私立学校，相比之下，我还是很容易能遇到相处起来比较舒服的人。我依旧需要一点妥协，但跟过去相比已经好多了，也不是随时随地都对别人充满防备心了。终于解脱了！我想，今后我依旧会不断探索"我是谁"，但至少，我知道自己再也不用假装另外一个人了，至少是不用完全假装了。

创造力：通向自我认知的道路

"直面你自己"——这是英国国家艺术基金会通行卡上的广告标语，这张通行卡覆盖全英超过240个博物馆、艺术馆和历史名胜。这句话表明，在艺术鉴赏中你可能会发现，你或许能够一瞥你真实的灵魂。在这一系列的宣传语中，还有一句是"解脱你自己"，一针见血地指出你真实的内在自我不需要被社会身份"放大"或扭曲。

关于艺术价值的讨论永无止境，而且由于艺术形式不同，艺术价值也不同。但我们能通过纪录片了解到，听老歌能让老年痴呆者走出记忆的迷雾，当听到歌曲的那一刻，他们能与旋律和歌词重新产生连接，即便那时他们已经失去了说话的能力；文学能够改变人们的生活；诗歌能让人产生共鸣或遗憾，使人潸然泪下。接触任何形式的艺术都有助于我们认清真实的自我。

这不像我。
如果有人那么对待我，我就会离开。
我发现那场戏揭示的东西太露骨了，让人不舒服。
我好像在这音乐中迷失了自我，又好像能在其中找到内在的自我。
为什么大家都感动到流泪的时候，我却无动于衷。

有时我们会被艺术吸引或取悦，有时会感动，也有些时候会感觉

"被冒犯"或"被看穿"。

但是没有什么比从事创造性、表演性的活动更有助于认识自我：唱歌、跳舞、写作、绘画、摄影……这些创造性的自我表达方式，就像是自我意识的缩影。神奇的是，有时我们还会因自己的艺术作品感受到冲击。人们常常会看着自己的画作或文字，并思索"这个灵感来自何处"。很多作家都会说："我写作是为了探索自己到底是怎么想的。"

写诗与读诗是两种完全不同的体验，前者可能更有利于自我启迪。无论我们的年龄如何，演奏音乐对我们的知觉发展和大脑可塑性都有积极的影响。合唱更是在人的知觉发展、社会性与感情方面使我们受益：很多人都说自己能够沉浸在音乐中，并对合唱团的同伴产生信任与温暖。

这种创造性活动能够将我们隐藏的某一部分自我打开，在最好的情况下，它能告诉我们关于人类深层次的一切。

关于"认识你自己"这个话题，最深刻的智慧永远在人们之间的相互依存和相互联系中。我们对内在自我的认知仅限于我们自己，但只有在社会互动中，"自我"才会进入生活，被赋予更丰富的涵义，这和我们大多数人在与他人合唱时声音最好听是一个道理。

卡尔·罗杰斯说，当一个人在"做自己"时，会不可避免地发现自己"也能融洽地进入社会"。尽管我们不自觉地被人们之间的差异所吸引，但事实上，我们本质上与别人存在很多相同之处。

"自我"的核心是爱的能力

爱的能力是人类内在的本质特征，这并不仅仅是充满诗意的愿景，还是人类进化的必然结果。作为社会动物，我们对于同类的首要责任（除了繁衍），便是维持群体的和谐、团结与持久——这是我们赖以生存的条件。我们不仅仅需要彼此，还需要每个人都繁荣昌盛。

由于复杂的进化原因，人类同样是具有攻击性和潜在暴力性的物种[①]。但我们维持社会和谐的能力，与我们几千年来维持群体生活的现实，都有力地说明了"爱是人类内在的本质特征"。

"爱"有很多不同的涵义。我们会愉快地说"我爱我的狗""我爱巧克力""我爱我的父母""我爱我的孩子""我爱我的工作""我爱那本书……那首歌……那场日落""我爱我的朋友"，但是"爱"在每句话中的意思并不相同。英语中缺乏足够的词汇表达不同种类的"爱"，但在人际关系中，我们可以简单地将其分为四种（借用C. S. 刘易斯的观点）：亲情、友情、爱情，以及更大范围的爱——慈爱、悲悯或者说是仁爱。

这四种不同的爱都能使我们的生命更加丰盈，但最后一种——慈爱（或悲悯）——则是创造一个健全的社会所应当关注的重点。传统上，我们总是把爱当作一种情感，但这种类型的爱更像是一种社会规训或承诺，即为了我们想要的生活，我们应当用耐心、善良、宽容和尊敬来对待我们遇到的每个人。相比之下，对我们喜欢和认同的人表现出善意和尊敬就没有那么崇高，也没有什么值得称道："爱"最大的挑战是对陌生人的共情和慈悲，这种没有附加条件的爱是最高层次的人性。尽管我们有时会逃避这一高要求，但我们都有如此去爱的潜能，无论我们的财富、高矮、智慧、宗教信仰、性别或其他方面有何不同。这种潜能是全人类共同拥有的，而非局限于某个人。

来做个比喻。

把你自己——你的自我——想象成一个关于你的太阳系，行星是构成你独特人格的特质：包括你的基因特征、价值观、隐秘的梦想、

[①] 理查德·兰厄姆（Richard Wrangham）的《善良的悖论》（*The Goodness Paradox*）中有详细的解释。

疑虑和恐惧，以及世界观。每一个"行星"都有独特的轨迹、密度和重力。在星系中间的是光与生命之源太阳，没有太阳，所有的行星都会是一文不值的岩石碎片，没有轨道、没有方向，毫无意义地跌进虚空①。

在关于个人的太阳系中，爱，所有种类的爱，都是星系中间的太阳——它给予我们能量与启迪，让我们的心灵更崇高、更温暖。但这个"太阳"就像真正的太阳那样，不光是光源，还会投下黑暗幽深的影子，在我们身上则表现为骇人的恶意。寓言故事中不是常说爱与恨有明显的界限吗？然而，我们的行为源于复杂而矛盾的动机，往往不那么容易区分高贵与卑鄙、光明与黑暗，每一束信仰与希望之光都会带有疑虑的暗影。

纵观整个宇宙，有数不胜数的星系，每个星系都是独特的，但每个星系都有像太阳一样的中心星体。纵观整个世界，有许许多多独特的个体，但每个个体的内在都有如阳光一般的爱——这是人性中最有力量的象征。就此来说，我们的本质自我与他人的本质自我是一样的，无论我们在其他方面有何不同。无论我们承认与否，我们都需要"爱"这个共同的内在核心，才能成为完整的人，获得终极的心灵自由——爱的自由。

如果这听起来太理想化，或者完全不现实，我们必须明白，拥有爱的能力并不意味着我们每时每刻都要付诸行动，我们内在"太阳"的能量也可能会让我们感到不舒服，这也说明了我们为什么有时候会感激太阳投下的阴影。尽管柏拉图说："我们可以轻易原谅一个惧怕黑暗的小孩，人生真正的悲剧是当一个成年人惧怕光明。"

我们对于"太阳"（爱）的双重感受，能解释世界上很多问题：

---

① 这个比喻并不完美：比如，我们应当如何解释某些"行星"消失和新"行星"的出现？不过，请让我继续使用这个比喻，下面就要讲到最重要的部分了。

我们有些人会在憧憬未来美好生活时气馁（我为什么这么做？我受不了这些人），会躲回自我消耗的阴影中——这里充满了痛苦、嫉妒、愤怒、无止境的争斗、仇恨，或者对他人的冷漠无情。事实上，只要你能理解我所描述的这个关于自我的隐喻，一切有关"邪恶"的疑问都会迎刃而解。邪恶并非神秘的存在：哪里有光亮，哪里就有阴影，光线越强，阴影越深。哪里有爱，哪里就有恨；人们产生恨是因为逃避爱，这也就是为什么恨，以及嫉妒、仇恨和傲慢此类情绪，会造成沮丧与自毁。

爱所带来的负面影响也解释了为什么最仁慈的人也需要偶尔不用"做好人"。毕竟，昼夜交替之时太阳会落下，人们会产生同情疲劳（compassion fatigue）。

但爱能够永远照耀着我们：甚至当我们宁愿待在个人"星系"的阴影中时，我们也会发现，自己总会"转移"到阳光下，做一些美好的事。关于爱的课题是人生最难的课题，但请不要忘记，爱是我们温暖的源泉，能为我们提供支持，为我们抚慰伤痛。

带着爱与同情心生活并不意味着软弱、多愁善感、顺从他人每一个无理的要求。内心柔软并不意味着头脑软弱，表达爱意并不意味着取悦别人，更不意味着为别人的幸福快乐负责。这仅仅是一种生存于世的方式。

爱也不意味着你应该顺从孩子的每一个要求，对别人百依百顺。爱不意味着你需要维持一段已经变味的关系，但它意味着你应该尽可能地用善良、体恤、宽厚、有礼貌的方式结束它；也不意味着你应当容忍邻居的冒犯挑衅，但它意味着你应当尽可能有礼貌地解决问题，以维持社会和谐为己任。

同其他形式的爱一样，与同情、悲悯相关的"大爱"有时也需要强硬的方式。这种爱与严格的律令、强硬的领导、坚定的信念，以及政治、宗教、城市规划、清洁能源、城市噪声等并不冲突，但它依旧需要我们尊重别人的底线："虽然你不想我这么做，但我这么做是出于爱""虽然你不想让任何人打扰，但我来是因为我想你了"——类似的话意味着我们对这种爱的理解有很大问题。

我们因为爱才能成为最好的自己，发挥出最崇高的人性，这样的观点并不新奇。这些观点的中心使命永远是培养人们爱的能力，以及鼓励我们投身到与他人共情、帮助他人当中。所有非宗教的精神传统与神秘学传统，以及大多数的世俗宗教亦是如此。

下面是一组上述领域代表人物的名言，它们都表明了爱是有意义、有价值的生活的中心：

"爱是美好带来的欢欣，智慧创造的奇观，神仙赋予的惊奇。"

——柏拉图

"生命终结之际，只有三件事情是有意义的：你爱得有多深，你活得有多平静，你放下不属于你的东西时有多豁然。"　——佛陀

"在信仰、希望与爱之中，最好的是爱。"　　　　　——圣保罗

"要知道生活的乐趣，就要不停地积累善行，直到它们之间再无缝隙。"　　　　　　　　　　　　　　　　　——马克·奥勒留

"在我们视野所及中，人类存在的唯一目的，是在纯粹存在的黑暗中燃起一点光亮。"　　　　　　　　　　　　　　——荣格

"雄心壮志或单纯的责任感不会产生任何真正有价值的东西，只有对于人类和对于客观事物的热爱与献身精神，才能产生真正有价值

的东西。"

——爱因斯坦

"美好的人生是一种由爱所激励、由知识所指导的生活。"——罗素

"爱，将使我们幸存。"

——菲利普·拉金

"爱是一种非常困难的认知，即认识到除自己之外，还有其他事物也真实存在。"

——艾丽丝·默多克

国家与个人同理

并不是只有人会羞于面对关于自己的真相，国家也会。

正如同人们在躲避真实自我时，需要降低对爱的需求，才能让自己感到舒服，国家也是如此。

例如在澳大利亚，我们同所有其他人一样善于逃避。我们不愿承认我们的祖先几乎对原住民斩尽杀绝，不愿承认我们的士兵在炎热肮脏的战场上跟其他士兵一样一败涂地，不愿思考我们用离岸拘留中心和不稳定的临时签证，给难民施加了长期的精神折磨。

在性别平等议题上，我们不断重复陈词滥调来遮掩我们的失败。在税收与学校补助政策的影响下，社会贫富阶层正不断扩大（甚至制度化），我们却对此视而不见。我们常常吹嘘我们在体育领域举足轻重的地位，却不愿承认我们在碳排放量上亦是如此。

我们用"机会均等"（the fair go）与"同伴之谊"（mateship）来掩饰不平等与不公正，假装我们的社会是一个平等的社会①。

---

① "如果有机会，你就会成功。"这条骇人听闻的政治标语，差点成为"机会均等"的新时代版本，尽管澳大利亚仍有两百万失业人口。

我们最喜欢的逃避形式之一是"幸运之国"这个说辞，它出自唐纳德·霍恩（Donald Horne）1964年出版的书名。多么讽刺啊！这本书对澳大利亚社会进行了无情的批判。霍恩把澳大利亚比作"幸运之国，主要由同样幸运的二流人士经营"。他认为，澳大利亚是一个通过幸运而非成功的管理取得成功的典型案例，因为显而易见，这个国家政界商界的领导人缺乏远见和想象力。"按照一般规律，"他写道："澳大利亚配不上这样的好运气。"那么我们如何看待霍恩对我们不留情面的评价呢？我们把它当作一种赞美，好像幸运是什么值得赞颂的美德。

澳大利亚并非特例，大多数国家都会为了自身利益美化国家故事。"希望与荣耀之地""自由的国度，勇士的家园""真正的北方，强大而自由"①。

显然，每个国家都会为自己独特的文化遗产和荣耀瞬间感到骄傲，但如果我们盲目地沉浸于民族主义，便如同否认自己阴暗面的人一样，很难再看清现实。

"无论对错与否，这都是我的国家……"这只是德裔美籍参议员（德国革命家）卡尔·舒尔茨（Carl Christian Schurz）名言的前半句，而这句话的后半句才是重点："……对的需要保持，错的需要纠正。"

这句话是在警示我们所有人，它不仅仅关于国家，也关于我们如何进行自我反省。培养我们的美德、承认并直面我们的阴暗面（尤其当我们无法正常给予爱时），对我们的自我完善都至关重要。我们也需要"纠正"那些让我们远离内在自我的事物。

---

① 在澳大利亚，我们甚至还会唱"我们的家四面环海"，好像这也是一种民族骄傲。

第二章

我们为什么
要躲避自我

如果你无处可藏，你将无所畏惧。

好吧，我们确实有需要躲开的东西，比如电商巨头的监控，它们通过网络监控着关于我们，或者也可以是我们的自我的大量数据。联合国"隐私与人格"特别工作组主席、新南威尔士州前隐私专员伊丽莎白·库布斯（Elizabeth Coombs）曾说："选择揭露与保留哪一部分自我是我们最重要的自由之一。"

《1984》的主角温斯顿·史密斯（Winston Smith）认为："如果你想要保守一个秘密，就必须向你自己隐瞒它。"当涉及内在自我的时候，很多人迫不及待地将这个建议纳为己用。我们不仅不愿意让我们的伴侣、家人和朋友知道我们真实的一面，甚至也不想让自己知道。

更多有关否定与压抑自我的文献表明，逃避自我不但非常普遍，还有些人认为，当被问及"是否有自己不愿面对，更不愿让他人知道的'真实自我'"时，逃避自我是一种完全合理的做法。

为什么我们会对自我这个概念如此防备？为什么我们如此愿意承认自己戴着不同的面具，却不愿将其摘下？为什么我们那么容易跟内在的灵魂失去联系，却时刻准备评判他人内在的灵魂？为什么对自己内在的声音装聋作哑？为什么任由我们真正的自我和外在的自我不断撕扯，给我们的心理健康造成伤害？为什么伪装充满魅力？为什么伪装那么容易成功？

逃避自我的原因背后，是我们不敢面对这样一个问题：如果我成为真正的自己，我需要付出什么？无论我们藏身何处，我们或多或少都会担忧，自己是否有足够的能力面对带着更多的爱生活这一巨大的人生挑战。

把爱作为一种习惯，把它当成每日的教条，这听起来令人生畏。

将爱内化成一种生活方式需要勇气,遵循纯粹的内在自我而生活是一个挑战。难怪我们有时愿意逃避,尤其当我们有极佳的藏身之处时(我们将在第三章探讨20个"藏身之所")。

爱能让我们展示出最好的一面,但我们并不想一直展现最好的一面,因为这种高标准需要我们付出很多。爱能传递善意,但我们并不想一直保持善意。爱鼓励我们活得更加高尚,而不是仅仅满足道德标准,但有时我们喜欢为自己没有善意的行为辩护:"我并没有违背道德或者法律。"爱使我们的灵魂更加慷慨,但有时卑鄙的诱惑令人难以抗拒,尤其是我们处于盛怒之下的时候。爱呼吁我们学会原谅,尽管有时复仇合情合理。爱让我们更加宽容,让我们理解与我们不同的存在,但我们似乎更容易选择批判、偏见和敌意。

最重要,而且最让人不舒服的一点是,爱有时需要我们牺牲自己的利益,来满足他人更迫切的需要。在诸如气候变化等威胁全人类生存的问题面前,这是一个极大的挑战。我们更多地被要求牺牲个人利益,以满足全球范围内的集体利益:绿色饮食、减少不必要的旅行(尤其是空中旅行)、减少对化石燃料的依赖、抑制浪费型消费主义(尤其关于一次性材料的使用),因为我们面对的是整个星球的生存发展,需要所有政府、组织与个人的共同努力。现在是最能凸显生态层面"人类的同一性",与"过简单的生活,别人才能更简单地活下去"的时刻。

有许多合理的解释都能说明我们为什么不愿反省自我,但它们都与我们不愿意面对这一个问题有关:如果我做真正的自己,我需要付出什么?

我们害怕这个过程所需的情感代价

卡尔·罗杰斯在其经典文集《个人形成论》中写道:"揭下某层你认为属于真实自我的面具是一个非常难受的过程。"在"何为人"

这一章节中，他描述了某个客户的痛苦经历：

现在我觉得我正一层层卸下防御，我不知道最里面是什么，也非常害怕知道，但我在不断努力。一开始我觉得我像是个空空的躯壳，里面什么也没有，我希望里面能有个坚硬的内核。

最终这个客户在寻找内在自我时取得了突破，据她描述，她感觉自己像是正在阻挡大坝后面的洪流，害怕自己"会被洪水一般的情感冲垮"，但最后她屈服了，屈服于"彻底的自怜，然后是恨，接着是爱"。她继续说道：

这次经历过后，我感觉自己像是跳过了一个悬崖到达另一边，尽管这里依然有些陡峭，但我也能安全地站在这里。我依旧不明白我在寻找什么、我将去往何处，但我明白只有当我真实地活着的时候，我才能向前。

罗杰斯用丰富的比喻讲述了这个客户的故事，向我们说明了停止逃避的"迫切的必要性"。然而，很多人不愿接受这种"迫切的必要性"，任由恐惧阻挡我们自我探索的脚步。如果这个过程让我感到不舒服怎么办？如果我承受不了这个过程带来的痛苦怎么办？

我们该怎样应对这些恐惧呢？

首先，我们需要承认，跟我们关系亲近的人远比我们认为的更了解我们的"秘密"，因为我们会在无意识状态下表露出真实的情感。

其次，难道你不想了解真实的自我，让自己更加自信地面对这个世界吗？难道你不想直面自己不喜欢、不真实的地方，从而做出改变吗？除非你想要永远带着防备心生活。

最后，也是最重要的一点，如果我们因恐惧而不愿意面对真实的自我，很容易对我们的健康造成负面影响。焦虑是一种非常不健康的心理状态，外在身份与内在自我的撕扯很容易造成这种焦虑。

如果我们想要直面并回应真实的自我、成为一个完整的人，我们需要克服对自我反省的恐惧。是的，这个过程的确需要勇气，也需要耐心和情感上的耐力。或许我们的恐惧也有些道理：探索内在自我的过程或许很痛苦，但痛苦的经历往往能孕育最好的结果，这不是举世公认的真理吗？这也是为什么民间智慧总说，我们在痛苦中成长。

对自我探索的恐惧，很大程度是因为我们害怕如果挖掘得太深，可能会发现某些东西，"我宁愿不知道"就是一种典型表现。然而，我们不是在逃避未知：有些人非常明确地知道自己在逃避什么，这才是逃避的原因。"我不想退休，因为我不愿意去思考自己到底是谁""我没法戒酒，因为我喜欢通过这种兴奋的感觉看待事物""我知道我对这件事依然怀有内疚，为什么非要提起这事呢？"

不用说，我们绝不会喜欢关于自我的全部。毕竟，我们不是完美的人，而是高贵与卑鄙、理性与冲动、智慧与愚蠢的混合体，我们同时拥有炙热的真诚与阴暗的谎言，其中包括非凡的自我欺骗能力。

或许你熟悉托马斯·艾略特（T. S. Eliot）这些晦暗凄凉的诗句，节选自《空心人》（*The Hollow Men*）：

在观念

和事实之间

在动作

和行动之间

落下帷幕

《空心人》写于1925年，艾略特可能用"阴影"隐喻第一次世界大战后欧洲整体的黑暗环境（此时诗人的心境因其婚姻的破裂而更加黑暗），但他也可能用"阴影"指代我们每个人心中的阴影。荣格认为，我们对自我的全面认知一定会涉及关于自我的"阴影"，他简单地用"阴影"来指代我们性格的消极面，即"所有我们想要逃避的、令人不愉快的方面"。

人性的阴暗面会让理想主义变得面目全非，让我们再也不能将最美好的想法变成现实，罗伯特·路易斯·史蒂文森（Robert Louis Stevenson）1886年的小说《化身博士》（Dr Jekyll and Mr Hyde）就描述了这么一个故事，其标题中的Jekyll和Hyde也成了双重人格的代名词。然而，学会与完整、真实的自我共同生活，对于我们的心理健康和心灵自由都至关重要。否则，我们将会永远生活在对事与愿违的恐惧中。

我们不想打破现状

如果一切正常，我们过着不错的生活，人际关系也看起来很好，我们为什么要冒着打破现状的风险来进行自我探索呢？

这个问题似乎很有道理。毕竟，如果对真实的自我挖掘得太深，我们在别人眼中可能会变得更加"透明"，这会毁掉他们对我们的看法。如果我们将关于真实自我的某些方面袒露出来，让别人感到惊吓或困扰，会不会破坏家庭、朋友圈、工作场合，以及其他社会场合的和谐与平静？

自我探索并不意味着自我袒露。我们大多数人对待表面的、短暂的或者正式场合的人际关系时，都会隐藏真实的自我，这些人可能是工作中的同事、不太熟的邻居、不常见面的远房亲戚，或者火车上碰到的陌生人。但在重要的亲密关系中，太严重的自我分裂可能会成为纠结与痛苦的根源。在我们在乎的所有亲密关系中，隐藏关于真实自我的重要内容就像是放置定时炸弹——这会威胁到关系的完整性，就如同逃避自我会威胁到自我的完整性一样。

卡特琳娜的虔诚外表

　　我一直保持着去教堂的习惯，尽管我早已不相信大部分教义了，我对耶稣的人性和神性都失去了信仰。我有个叔叔常说："你只要把所有变硬的食物都扔进冰箱最里层置之不理就好了。"我觉得我就在这么做。

　　但我从没错过一场礼拜，我吟诵那些我并不相信的祷词，我依旧做着教堂的工作，例如站在门前向人们问好或者诵读圣经。我害怕有一天有人会问我，我是否相信那些我吟诵得如此真诚的词句。

　　但你知道，这是我最亲密的朋友圈子。我一直认为我算是基督徒，尽管现在已经不完全是了，又或许我从来都不是。我有时会想，我是不是从一开始就在为了满足别人的期望而妥协？

　　可无论如何，我喜欢颂歌，也喜欢听那些熟悉的祷词，那时的我好像沐浴在温暖之中。

　　我的丈夫也是如此，但我觉得他比我更虔诚、更坚定，我从来没跟他说过我的真实想法。我知道这样听起来不太好，但这就是事实。我不想让他失望，尤其是我从一开始就很虔诚，保持了这么多年的虔诚形象。我们的孩子当中，有一个成年后依旧信教，剩下的都是青少年，现在对宗教没什么兴趣。但他们都觉得我是一个虔诚的人，而且对我的信仰非常尊重。（他们要是知道就好了！）

　　我仅仅是在走过场吗？我觉得不止如此。我非常想要保持现在这种跟教堂的联系，而且我真的很尊重别人的信仰。说实话我很羡慕他们，尽管我早已失去了我的信仰。此外，我对自己很大一部分认知都源于我与宗教的联系。尽管我没办法把宗教机构当真对待，但我是个"生锈的"、习惯于现状的普通人。我这样确实有点不真诚，但至少，我并不感到难受。

可我该怎么做呢？我该跟谁说？我觉得，如果我承认了真相，我周围的一切都会像纸牌屋一样坍塌。尽管我偶尔会给外界一点暗示，但人们只会觉得我在抱怨，而不是真的不信教了。

如果我对我的朋友，甚至是我的丈夫解释说我以后不打算去教堂了，他们或许会理解我，但这不值得我冒险。而且说实话，如果抛弃基督教徒这个身份，我就不清楚真实的我是谁了。比如填表格时，我要填什么？无神论者？这听起来一点都不像我。不可知论者？这个也有点牵强。

我应该是有点害怕这么做的后果，如果我将现在的一切都抛弃的话，那么我是谁、我代表什么？做更真实的自己可能会让我更加沮丧，对其他很多人来说也是如此。

很多人在宗教信仰之外的其他场合都会有像卡特琳娜一样的经历。家庭聚会中经常会充斥着体面的虚伪，人们更愿意保持沉默，而不是冒险制造冲突场面，这样的想法几乎势不可挡。人们尤其不愿意反驳政治话题、提起很多年前儿时的旧怨，或者是对你姐姐的育儿方式、你妈妈动不动就给别人建议的习惯、你爸爸重复讲不好笑的笑话，一早就说出你的真实感受。

虽然克制是令人钦佩的，但它有时会需要我们隐藏真实的想法。如果我们决定要暴露出真诚的一面，事情会变得有多糟糕呢？如果我们的政治、社会与文化观念与群体的传统观念相悖，可我们以尊重他人的方式，勇敢地将其表达出来，这会造成什么损害吗？对我的家人、朋友和同事来说，如果他们发现，真正的我并不像他们想象的那样，我的观点会发生变化，我能够去爱与我观点不同的人，我拒绝假装同意所有人的观点以维持和平，因为那样更有利于我的健康，会产生什么灾难性的后果吗？

在某些社会情境下，如果我们隐藏有关善良与爱的真实内在，而非承认它们，以免被贴上软弱的标签，会有利于我们的心理健康吗？

当我们周围关于难民、逃税、"乌鲁鲁声明"（Uluru Statement）、公共教育拨款，以及气候变化的讨论声变得更强硬、更刻薄而且充满偏见，与我们内心的声音不一致，这时我们应当怎样做？如果我们的信念很容易就隐藏起来，它们又有多真实呢？如果我们带着一个与自我完全不同的面具，我们还能感觉到真实的自我吗？

在婚姻和其他亲密关系中，也有很多人善于保持沉默、隐藏感受，以免发生冲突。在并不重要的琐事上，迁就伴侣的品位和喜好无伤大雅。但像乔治娅（第一章中的那位女性）那样，为了避免冲突、维持关系的和谐而将自我扭曲，这对于个人和这段关系来说，都会是极大的伤害。问问你自己：我愿意将一段关系建立在双方都隐藏真实的自我之上，还是愿意了解我们之间的不同，尽管这种不同可能会对我们的关系带来挑战？

罗伯特·贝雷津将爱描述为"两个真实自我共鸣产生的感觉"。如果两个自我都不是真实的自我，这种共鸣又会有多真呢？爱又有多真呢？

我们害怕别人了解真实的自己后，就没有那么喜欢自己了，我们必须要将这种恐惧与隐藏自我所付出的情感代价两相权衡。对于我们不喜欢自己的地方，如果我们害怕别人也没有那么喜欢，这难道不是一个提醒我们进行自我提升的信号吗？尤其当我们害怕别人发现我们并没有假装的那么善良时。

在一段正式的感情关系中，当我们发现伴侣隐藏了自己的真实感受或本性，我们会觉得自己理应问对方"发生了什么"。例如"你为什么不告诉我你真正想要的是什么呢"，或者"你为什么不告诉我你生活在谎言里""你为什么不告诉我你的心不在这儿"。这些问题都反映出我们最深的渴望是接触别人真实的自我，包括我们的伴侣、亲密的朋友、孩子，或者其他重要的人。这些问题同样反映出，我们对他们的爱与奉献，足以让这段关系承受更深程度的自我暴露与互相理解。

揭露真实的自我可能会给一段关系带来动荡，甚至会结束这段关系，还可能会破坏社会和谐，可能会使一部分人不会像从前一样喜欢我们。但如果我们为了保持和平，终其一生避免正常的冲突产生，我们所维持的"和平"又是怎样的和平呢？

我们害怕改变自我的设想

谁不想相安无事？谁不享受习惯带来的舒适？即便生活偶尔充满挑战和紧张，随波逐流不还是更容易吗？

人的态度和行为中最奇怪的一点是，虽然我们因改变而成长，我们需要突变和意外来维持大脑的可塑性，让自己保持警觉、充满活力，但我们同时会埋怨这些变化对生活造成的影响。当然，太多的突变会让我们感到沮丧与不安，这也是为什么人们常说，当今社会、文化与科技方面的变化会破坏我们心灵的安静，造成普遍的焦虑和抑郁。这也是为什么我们总被警告，不要在短时间内做出太多改变：例如，如果你几乎同时换工作、搬家，并且结束一段关系，这段时间你患心理疾病的概率会大幅上升（尽管有时这些改变也能对我们产生积极影响）。

人们对于改变的恐惧非常容易理解。改变是一扇通向未知的门：如果我们走过这扇门，门后面是什么？接下来会发生什么呢？我们会变得怎样？尽管我们的经验表明，事情一般不会像我们想象的一样糟糕，相反还会带来好的结果，或者至少，我们已经能够应对我们以往所逃避的改变了，但每次我们面对这种恐惧时，依旧充满了防备与抵抗情绪。

我们有一种天生的惯性：做自己习惯做的事，不去思考太多，比如买同一个品牌的商品，去同一个地方度假，给相同的党派投票。"习惯成自然"便是这个意思：旧的习惯难以改变，因而我们甚至会保持那些明知对自己有害的习惯，比如吸烟、酗酒、维持一段有害的关系、躺在沙发上不锻炼、长时间刷手机，因为我们已经形成了习惯。

进行自我探索便是一个打破习惯的典型，它会威胁到我们习惯性的自满。决定拥抱"真实的自我"，也就是变得更真诚，相当于表明我们愿意接受改变，这需要一定的勇气。

我们知道自己能做出改变是因为我们在不断改变着。我们调整自己的行为以适应日常生活，并不是因为我们想要改变，而是我们面临着社会压力，不得不适应某个群体，不得不适应换工作、涨薪或降薪等个人变化，搬家、清理杂物等环境的变化，恋爱、失去亲人、失恋、得重病、失业等人生重大变化，或者隔壁刚搬来的吵闹的邻居。

有些人愿意通过人生中的重大变化来减轻生活中的绝望感，或者给予生活意义与目标，比如换一个行业工作。很多人通过冥想训练，改变了对自己和自己所处于世的看法，内心得到了更多宁静。还有些人默默地下定决心，"要翻开人生崭新的一页"。

我们害怕改变通常是因为害怕失去对生活的掌控。如果我们一直遵从习惯，只在熟悉的地方生活，就好像跑圈一样，我们可能会产生一种对生活的掌控感。然而，事实恰好相反。重复性的行为无法扩大你的视野，无法让你看到新的风景、思考其他的选择、处理新的境况，这恰恰是掌控生活的对立面，反而更像是作茧自缚、自我奴役。

普里娅的灵光乍现时刻："你无法驾驶一艘不动的船。"

我依然记得我做出人生重大改变的那一天。我在同一个医疗岗位工作了十年，已经走到了该领域的顶端，实现了我想要实现的一切，就我的工作而言，翻新病房、精简IT系统、培训支持人员达到我想要的标准，这些我任务清单上的每一项都可以打钩了。我感到我现在像是在悠然前行，这样很愉悦，我知道我为病人提供了我能力范围内的最好护理，但我愈发地感到焦虑，或许我并没有直面我对工作的真实感受，又或许我没有真诚地面对我自己。

尽管我觉得一切与工作相关的事宜都在掌控之中，但我有种奇怪的感觉，我对自己的生活失去了掌控。虽然也会遇到挑战，但在很多方面，全科医生都是一个非常舒适的职业，但我知道我能做的不止如此。说实话，我有点不知所措，因为成为一名全科医生是我曾经唯一想做的事。

因此我向我的同事，一位高级医疗师求助，她是我整个职业生涯的导师。我尝试跟她倾诉我的困扰，坦白了我的不安与焦虑，以及这种奇怪的矛盾——在工作领域顶端获得的掌控感与对生活的失控感。

听我说完后，她对我说了一句让我记忆良久的话："你无法驾驶一艘不动的船。"一开始我觉得这是随口一说，像大多数类比一样，但我很快意识到这正是我现在的处境，我失去了动力，久久停滞不前。

我用了六个月的时间仔细思考了职业相关的一切，我的家人和朋友觉得我疯了才会想要改行。我的导师非常有耐心，跟她谈论过后，我决定去做急诊医疗，就好像灵光乍现那样！这个想法的种子早在我读医学院的第三年就种下了，那时我在急诊科处理紧急病例时就觉得很有成就感，但我却将我的远大规划局限在了全科医生上。

在最终做出决定之前，我经历了许多的惶恐，但我还是在一家好医院找了个专科医生的位置，进入了为期四年的培训，我再也没有回头。

再也没有回头？我在说什么？当然我回头了——在最初的几个月里，我几乎每天都在后悔，为什么放弃以前熟悉的工作。我不确定我有足够的肾上腺素，能满足做急诊的需要。

但现在我爱上它了。我发现自己在压力下不断进步，一切跟以前相比像是反转了。在急诊科，你永远无法获得掌控感，因为你需要随时临场应变；但现在我对自己的生活有了更强的掌控感，因为我正在成为自己想成为的人，我知道这是正确的选择。无论如何，在急诊科，你没有时间假装成另外一个人。

普里娅的改变源于她渴望更大的事业成就，然而，这种职业焦虑背后还有其他原因：她需要感到自己在遵循真实的自我。或许大部分人都不会经历像她一样戏剧性的变化，但这种心路历程可能会令人望而却步，因为探寻真实的自我，需要我们做出改变，改变工作、改变爱人的方式、改变生活的方式。

面对真实的自我，我们能获得诚实带来的所有益处，包括提升人格完整和增强自尊。对自我更加诚实，我们的人际关系才能更加真诚，正如罗杰斯所说："与他人的关系不再有虚假成分时，关系会变得更深、更让人舒适，关系中的另一方也会变得更加真实。"

普里娅终于能够与人坦诚相待

我还是全科医生时，我觉得我对同事下属的态度非常焦躁、易怒，虽然谈不上是"脾气暴躁的混蛋"，但我承认我确实对他们很严厉。那时我非常容易因为小事生气，而且都是一些不能怪任何人的小事，却不知道自己为什么这么易怒。当然，现在想来这是由于我没有解决我面临的人生问题。

在过去的几个月里，当我对未来的决定清晰明了后，我对同事的态度也开始放松下来。他们有几个人已经打算当面告诉我，我变得有点难以相处，但既然我现在好多了，他们希望我不要离开！

我觉得这是坦诚的问题。过去的我并没有就生活中不对劲的地方真诚地面对自我，因此也没办法真诚地对待周围的人。

如果我们缺少自知之明，我们就无法站在诚实与忠诚的立场上说话，这时别人无法理解我们在说什么并不奇怪，他们可能觉得我们前后不一、难以捉摸、态度回避、不好接近。相反，当我们停止隐藏自我，变得更加真诚时，别人会认为我们更值得信赖、更坦诚、更容易接近……更有同理心。

然而，我们却始终在逃避。

第三章

我们首选的 20 个
"藏身之处"

（按A~Z排序）

这一章将会深入探讨我们最喜欢的逃避自我的方式，有些（例如怀旧、忙碌，以及追求享乐）可能听起来没有什么坏处，是"正常的"；还有些（例如志向、完美主义、工作）听起来非常吸引人、让人感到非常舒服，还能得到别人很大的支持，以至于我们甚至无法意识到自己是在逃避；还有一些（例如宿命论和物质主义）可能会被我们故意用来分散对内在自我的注意。

它们有一个共同点，当我们安于其中时，它们会降低我们进行自省的欲望。在其中花费太多时间可能会让我们过上大打折扣、毫不真实的生活，让我们无法发挥潜能，同时让我们陷入为何永不满足的疑惑。这样的逃避是一种自我禁锢，相当于主动放弃我们的心灵自由，放弃带着爱而生活的自由。

但好在当我们意识到自己为何逃避，并且开始正视它们对于我们自己以及人际关系的伤害时，我们就可以想办法离开它们了。

瘾（Addict）

当习惯变成瘾时，我们便会远离内在的自我。

当任何行为演变成重复性、强迫性的习惯，并且让人感觉自己的生存或者至少自己的精神无法离开它时，成瘾就会发生。在一些情况下，尤其涉及药物滥用时，成瘾可能与大脑的化学成分有关。甚至对电子设备上瘾也与这些成分的影响相关，即大脑通过释放血清素——有时被称为"快乐激素"，让我们得到相应的快感，并鼓励此类行为。

我们有时并不能意识到自己的习惯正在成瘾："在一天工作结束后，我需要喝几杯才能回家为家人做饭"可能变成"我需要喝几杯才能做其他事情"，之后几杯就变成了几瓶。我有个朋友最近跟我说，他的手机提醒让他注意到自己每天都会看两个小时以上手机。令他震惊的不仅仅是这件事本身，还有让他知道这件事的是他的手机。

除了大量资料显示的酗酒对健康的负面影响外，酒瘾也为我们提供了一个逃避自我的绝佳之处。"酒后吐真言"经常被用来为酗酒开脱，就好像在说："我喝了几杯之后才能变得更像我自己；我会更诚实、更坦诚；我会更容易说出我内心的想法。"如果这是真的，酒瘾者会在宿醉后洗心革面，能更清晰地感受到生活的意义和目的。但事实上，健忘是一种更常见的反应："别人对我说我离开你的派对时摔倒了——是真的吗？""昨天晚上我是不是说了什么不该说的——如果是这样，冒犯到你们真是抱歉。"

对于非酒瘾者来说，适当饮酒被社会广泛接受，作为有效的"社交润滑剂"以及无伤大雅的"吐真剂"。即便如此，当有人说"我觉得这是醉话"时，他们也通常是想否认之前说过的话，而不是想承认他们说了没有酒精刺激就不会说出口的话。

许多自认的酒鬼（尤其是改过自新的酒鬼）会说他们（曾经）完全控制不了酒瘾：这是新陈代谢的问题，只有醉酒自己才能感到真正的舒服，这部分是因为此时他们觉得自己不用为说过的话和行为负责："不要怪我——那时我喝醉了。"

甚至轻度饮酒都能让人感到兴奋，也就是所谓的"微醺"感，重度酗酒则会导致健忘，有时这也是喝酒的目的。酒瘾会让我们不愿去想酗酒的根源。

酒精似乎永远不能终止酒瘾者的欲望，但它一定会终止我们自省的欲望：毕竟，谁愿意承认他们的"真实自我"喜欢酗酒？

众所周知，沉迷手机有极大的危害，例如司机驾车时看消息可能会导致交通事故，年轻人沉迷手机会对大脑产生消极影响。但是，正如所有的瘾一样，它主要的心理影响不仅包括由于沉迷手机会感到更加舒适而降低我们与他人面对面交流的欲望，还包括通过分散我们的注意，压抑我们内心想要自省的声音——屏幕里总有新鲜事发生。

塞巴斯蒂安·斯密在他的季刊论文《净损失》中提出，我们对网络科技的沉迷正在剥夺我们的内心生活，这成了逃避自我的方式。然而，即便知道这一点，斯密本人也承认，自己也要刷手机成瘾了：

每天我都要在手机上花很多时间。我有Instagram、脸书和推特三个社交账号和三个邮箱。我会看YouTube上的足球比赛精彩片段、喜剧短片、教程类视频和随机音乐视频。我会下载播客，在开车时候听，我也会沉迷于Waze和Google地图。我刷所有这些APP，并且反复刷，也不怎么思考，只是会有点焦虑。

斯密称他这样的行为是"完全正常"的，这说明手机上瘾已经为现代社会所接受。他还说甚至当他的手机充电时，"脑海中会不断出现刷手机的冲动，就像是蟾蜍的喉咙那样，充满了盲目的、吞噬一切的欲望。"尽管他用了"上瘾"这个词，并表明了自己上网冲浪并没有沉迷固定的内容，而是全凭兴致（如同伊布拉希莫维奇的进球、拉佩鲁兹海滩的鲨鱼袭击或者特朗普的推特），但这种行为是无法停止的。甚至当他向陌生人讲述自己的情况时，他也没有像自以为应该的那样把手机上瘾当回事，因为上网的欲望实在是太强烈了。

这真的如斯密所说"完全正常"吗？如果是，那么这种瘾将会对我们的自我认知产生最严重的危害。现在我们每天花在上网娱乐上的时间剥夺了我们可以用来进行有效自省的时间，更不用说我们与人面对面交流的时间了。

丹尼斯的戒手机经历

这件事听起来像个笑话。我的妻子萨沙威胁要把我的手机藏起来，并在晚餐时间正式提起了这件事。那会儿我正跟两个孩子定规矩，不让他们在吃饭时刷手机，我告诉他们，从现在起他们也不能在卧室刷手机了。我当时很严肃，因为我刚读了一项研究，发现我的孩子看手机和平板的时间太长了。我有时会去大女儿的卧室看看她睡了没，发现她枕头下藏着还亮着的手机。

于是我吼了他们几句，萨沙说：“你是不是也应该这样？不然我把你的手机藏起来？”

孩子们高兴了，开始起哄地喊：“好呀妈妈，藏起来！藏起来！”

那天晚上睡觉时，我跟萨沙表示，把我跟孩子们混为一谈似乎有点不大公平。我试图对她解释，刷手机最大的问题是手机屏幕会对小孩脆弱的脑部造成负面影响。

萨沙反驳道：“手机屏幕不会对大人的脆弱关系造成影响吗？”

我承认刚刚我们说话时我正在看消息，这时我放下了手机，抬头看着萨沙的脸，发现她的脸上流下了泪水。我不知道手机影响了我们彼此的关系。“好吧，”我说，“从现在开始，我在卧室也不玩手机了。我保证。”

虽然很难，但我还是遵守了承诺，可我的表现没能让萨沙高兴。我开始熬夜看消息、邮件、推特和网站，感觉自己就像个十足的混蛋。这是我第一次想到“上瘾”这个词，这是真正的我吗？

这种情况持续了一周，周五早上，我和家人吃了一顿“禁止手机”的早餐。等孩子们去上学了，我到书房给手机充电，却发现手机不见了。我向萨沙大喊，但她上班就要迟到了，等她跟我短暂吻别时，她说："它会出现的。"

我知道我的孩子不会拿我的手机，那是他们唯一会遵守的规则，我怀疑是萨沙拿的。但是我也要上班迟到了，只好就这么走了。

真是奇怪的一天！在我去车站的路上，我发现了很多之前从没注意到的事：有人一只手牵着狗，另一只手刷手机；年轻人戴着耳机，似乎对周围环境全然不顾。我罕见地跟几个邻居打了招呼。我发现车站旁边小公园里的树已经染上了秋天的颜色，听起来好像没什么说服力。我也没有绊倒或者撞到路灯，也不用因为撞到任何人而道歉。

在去市里的火车上，车厢里全是拿着手机的人。他们看起来好奇怪啊，就像是一群外星人一样，我发现我曾经也是其中一员。我看着我旁边的年轻姑娘，想跟她打个招呼，但她一直刷着手机。于是我看向了窗外，外面真的十分漂亮。真有趣，我像是在过着老旧的生活，四处看看、随便思考点什么。我想起了很多关于萨沙的事，关于萨沙和她的眼泪。

这一天像往常一样。我大部分时间都在办公桌之前，看着我的电脑屏幕，甚至不跟同事寒暄，直到我们周五下午惯例的喝酒。甚至在公司，我也发现人群中有几个人一直在刷手机，偶尔抬头回应一下别人说的话。有几个人发现我没有拿手机，还说了几句，好像手机永远长在我身上一样。我笑着含糊过去了。

回家的路上我也有所发现：车厢里一片寂静，每个人都在盯着手机。我也开始想念我的手机了，路上我就想着买个便宜的预付款手机，先让我度过这一天。但由于我没有SIM卡，买了也没用。我想这一定很像烟瘾者戒烟：开始时他们先是不带烟，就像我一样。说实话，我觉得我有点抽搐。

萨沙和孩子们已经开始为周末做准备了，当我回家时，她对我露出期待的表情。

"怎么了？"我问她。

"你不带手机还行吗？很难熬吗？真的很难熬吗？"她笑了，像个笑面虎。

我们吃过一顿"禁止手机"的晚餐后，我让孩子们把他们的手机和充电器拿进书房。这是实施新规定的第一天！

当孩子们回到刚被"禁止手机"的卧室睡下后，我问萨沙："好吧，我的手机在哪里？"但她仅仅抬起眉毛，露出了神秘的微笑。

我想要顺着她说，但我现在已经有点生气了："好了萨沙，闹够了吧，你要遵守承诺。"

"没够，丹尼斯。我想跟你打个赌。如果你这周末不提你的手机，也不借我和孩子的手机来玩，周一早上我就还给你。如果你做不到，下周你就别想见它了。"

"你把我当小孩吗？"

"你刚才说什么？"

"我说你把我当小孩吗？"

"有种你再说一遍。"

最后我很不情愿地妥协了。

我们看了会儿电视就睡觉了，萨沙看了一会儿书，我躺在她身边，努力控制着手机戒断症状。我们聊到很晚才睡觉。

这个周末给了我非常痛苦的启示。我刚意识到萨沙在家几乎从不刷手机。我家依旧有固定电话，她多半用它接听消息。她从不用手机来打发时间，来短信时她的手机会响一下，但也仅此而已了。我告诉她手机上能接收电子邮件，她看着我，好像我疯了一样。

我们一起去看孩子们运动，这次我是真的在看，没有错过任何不该错过的事。我和萨沙依旧聊了很多，甚至跟其他家长说了几句话，他们大部分人都没拿手机。或许我才是那个不正常的人，我也说不好。

我们出去散步了几次，周日下午跟人群聚在一起喝酒。我只用电脑打开了一次邮箱，花了一个小时时间，为周一早晨做准备。

周日晚上睡觉时，我对萨沙说："现在可以了吗？"她说："什么事？"

我说："手机能还给我了吗？"

我与萨沙的关系重新变得如此紧密，真的是太棒了，这让我们更加感动，而且有了很多深入而亲密的谈话。不仅如此，我还感觉到，我更像原来的自己了，而不是那个半待在数字世界的混蛋。萨沙跟我说，她曾经感觉我好像用手机来躲着她。这很伤人，但我知道也不能说完全不是这样。我们曾经度过了一段艰难的时光，那时我们之间有很多误解，我猜测我刷手机是为了逃避如何解决这些问题，的确像是我会干出来的事。我从没想过用刷手机来躲着她，可我确实把刷手机当成了一种麻醉。沉浸在屏幕里，我可以逃避所有焦虑和冲突。

第二天早上我准备上班时，萨沙把手机还给了我。这次她没有笑。

"从现在开始一切都看你了，我尽力了。"

我直到进办公室才掏出手机，下班路上我例行查看了一点东西，便把手机拿进了书房，把它充上电，第二天早上再拿出来。我不能说这有多容易，但我的确正在适应新的生活方式。当我扮演丈夫和父亲的角色时，我会更开心，会与萨沙无话不谈，也会更认真地去倾听孩子的声音。我会用不同的方式思考问题，也就是说，我觉得我更容易反省了。我也不再一直盼望着拿到那该死的手机了。

看来这次萨沙会感到惊喜。

澳大利亚的人均赌博输钱率居世界之首，因而我们对成瘾的问题并不陌生。我敢肯定，当某项活动的宣传带有"请为自己的行为负责"时，便是在警告我们其中有上瘾的风险。

如同酒精和手机一样，赌博也是我们文化中的一部分，从老虎机的覆盖率（除摩洛哥以外，澳大利亚的人均老虎机数量居世界最高）

到各办公室在墨尔本赛马日的下注和澳新军团日的博彩游戏，我们的文化是鼓励赌博的（不信可以看看当地超市里有多少彩票）。也就是说，我们很容易将这种为社会所接受的娱乐消遣，发展成习惯甚至成瘾。这都可能让你远离内在的自我，无论你是否有意为之。

如同其他形式的瘾一样，强迫性赌博会让我们对赌博之外的所有事情失去关注：赌博这种行为本身就会阻止我们思考赌博的原因。

赌徒花光了给孩子的储备基金

赌博一开始没有什么不好——人们都这么说，不是吗？我经常从超市买刮刮乐彩票，就像每天从超市买报纸和一升牛奶一样平常，而且从来没有多想过（当然也没有中过大奖）。如果我想要对某个人表示感谢，我通常会送给他们一注彩票。

之后我听说有人中了大奖，于是我决定也真的去试试。我们并没有任何财务纠纷，但我的妻子贝芙刚被裁员，还没有找到工作，因此实际上我们的财务状况有些紧张，尤其再加上沉重的贷款和生活所需的一切。孩子们似乎一直都需要新鞋、旅游的钱和其他东西。这时如果有一笔意外之财一定很不错。

于是我开始科学地研究怎么赢钱。我先是每周花100美元一次性购买彩票，有时买五注20美元的，有时买十注10美元的，或者一百注1美元的。买这么多彩票似乎一定能中奖——我都已经买这么大了，赢钱的概率一定会增加吧？

但事实并不是这样，有人向我解释，如果你掷一枚硬币，正面朝上的概率永远都是50%，就算你已经投了十次反面朝上，下一次也是50%。无论如何，我都没能赢一分钱，贝芙开始注意到我每周花的钱变多了，我没有告诉她我干什么了——我只是跟她保证，我以后花钱会更注意。

我意识到自己一直在犯蠢，每周投这么多钱在刮刮乐彩票上真的非常幼稚，于是我开始转向老虎机，每周把同样多的钱投在老虎机上。我必须承认老虎机更有趣，也更刺激。我的确赢了些小钱。我觉得这个方法看起来很不错。

　　你肯定会说这样下去绝不会有好结果，不是吗？我看起来像个白痴，但我当时完全没有意识到。我真的陷进去了。那些机器都像是可爱的小家伙，就像我一直说的那样，我能赢一点小钱，因此也就会投更多钱。我注意到酒吧里有不少老虎机的常客，就像我一样，有人对我说："你知道你永远赢不了，不是吗？一直赢是不可能的，我们都是傻瓜。"他没有笑。

　　事情变得越来越糟了，我一直没有告诉贝芙我在做什么，但她会时不时地跟我说我花的钱太多了，她还以为我出去喝酒作乐了。

　　我觉得赌博已经成为一种习惯。不对，要比这严重。它更像一种痴迷，我真的无法离开它，而且我经常有一种真实、强烈的感觉，感觉我一定能大赚一笔。有时，我甚至会跑向老虎机，因为我确信我会赢一大笔钱。我就像是成了另外一个人，对那个人来说，老虎机是他世界的中心。

　　赌了几次之后，我开始向朋友借钱，这样贝芙就不会发现我花多少钱了。长话短说，最后我发现我应当提高赢钱的概率，也就是花更多的钱，可我已经没有现金了。于是我开始抵押不常用的东西，一些贝芙注意不到的东西，例如高尔夫球杆、闲置的笔记本电脑。我跟我的兄弟说我急需用钱，他给了我小几千。

　　我试图搞来足够的现金来维持这个嗜好。有一次，我问贝芙如果没有汽车会不会有太大影响。我在考虑能否将我的车卖掉，这样我就有现金再坚持一段时间了。贝芙认为我必须放弃这个打算，我们附近没有什么公共交通设施，显然需要那辆车。但那时我已经绝望了。

　　之后我打起了孩子们储备基金的主意。我和贝芙都是开户人，在过去15年里我们会定期打钱进去，为孩子们的将来做准备，也算是一种投资方式。有一天，我确信我就能赢钱了，于是就去了银行，从孩子们的两个账户里提走了几乎所有的现金，开心地去了酒吧。我甚至都没觉得愧疚，因为其实我完全相信第二天我就能全赢回来，还回去后还能有盈余。

但我并没有。

我终于意识到我彻底完了，便向贝芙坦白了一切，以及我拿孩子们的钱所做的事。我没法描述当时她脸上的表情，她没有生气，但她好像有点崩溃了，好像我是她人生中最大的失误。我的确是，我知道。

当我把我的赌博经历的来龙去脉告诉她时，贝芙给了我两个选择：要么去治疗赌瘾，要么就收拾行李离开。我从没想过这是一种瘾——我曾试图说服自己，这就是个无害的娱乐，但当她这么说时……我绝不会离开她的，因此我再没有选择了。

这是一个漫长的过程，我依旧没能赚回足够的钱存到那个账户里，但我相信我一定会的。我兄弟偶尔会问我要那笔借款，我觉得他一定烦死我了。最糟的是，我不确定贝芙还能不能重新信任我。

我为什么会做出这种事？我怎么能失控到这种程度呢？咨询师正帮助我想通这一切，总体上说，这是一种逃避行为。我不想面对我在家庭和工作上的责任，所以我变成了另外一个人，一个想通过赌钱来改变一切的人。

手机上瘾、酒瘾、赌瘾……这些可能是最常见的上瘾方式，但诚然，我们也可能对任何其他事物上瘾：电子游戏（这种瘾类目前已被国际认定为一种精神疾病）、高糖软饮料、跑步、工作、旅游、宗教活动、担忧、汽车、鞋、包、购物、赞美、权力、地位、食物、健身、名声……还有很多很多，可能包括很多看起来不仅无害，而且还很体面的行为。当这些活动吸引了我们过多的注意力与欲望，让我们无从关注自己的内在，就说明我们可能上瘾了。

志向（Ambition）

-------------------------------------- ❋ --------------------------------------

当我们屈从于一心为自己谋利的志向时，我们便是在逃避自己的缺陷。

我们很难去批判志向。我们把志向当作火箭燃料，推动自己更快、更高、更远地前进，激励我们挑战个人能力的极限；我们把志向当作区分"成功"人士和其他人的标志，成功人士是那些有更多权力、财富、地位和名声的人。

当然，我们发现并不是每个"成功"的人都有想要成功的强烈动机。有些成功源于才智、技能、投入、坚持、运气，或者超于常人纵观全局的能力，而非决心实现成功的远大志向。

当然，我们还发现有很多人并没有像热追踪导弹那样热衷于个人荣誉，就过上了非常满意的、对他人有意义的生活。事实上，一些最有善心、最能激励别人的人，甚至没有想要"成功"的愿望，也没有为了某个特定的目标生活，而是遵从内在的"呼唤"，更关注于人生的旅程而非结果[1]。

然而，当我们说某人没有志向时，通常把它当成批判，其隐含意思是"她可以做得更好"或者"她一生可以做更多的事"。当我们说人们拥有"真正的雄心壮志"时，我们难道不是在夸奖他们的专注、

----

[1] 诚如老子所言："善行无辙迹，善言无瑕谪。"

他们的目标感、他们的驱动力，以及他们想要成功的决心吗？

我们在谈论志向时，一般都把它当作人类与生俱来的特质，就好像每个人都想改变境况，每个人都想成为翘楚，每个人都想得到成功者的高位，每个人都想得到晋升。拿破仑说："不想当将军的士兵不是好士兵。"

但志向真的是"与生俱来"的吗？我认识很多人，他们更愿意因为喜欢、因为值得而去做一件事，而非向外界"应当有更大志向"的声音屈服，去做自己讨厌的工作，我想你也认识很多这样的人。晋升很可能导致你没法继续做你擅长的工作，而正是这样的工作才让你晋升的。下面有两个例子。

拉里是个胸怀大志的广告文案撰写人，他想要创意总监的位置，创意总监有大办公室、配车、账单报销额度大和其他好处，并且最后他成功了。他很快发现管理所需的负担，以及他因为自觉下属无能而产生的挫败感，消磨掉了他的创意才智。

露丝是个社会工作者，由于她对客户非常有同理心，帮助了无数濒临情感与财产崩溃的家庭脱离困难，她得到了令人羡慕的好名声。然而这份工作很消耗人，而且薪水不高，于是她决定接受晋升，去了该组织的一个高级职位。一开始，她因为薪资的增长和情感负担的减轻而感到高兴，但六个月过去后，她发现自己已经不再是社会工作者了，她失去了与所有基层工作的接触，可这才是该组织的核心功能。她要回了之前的工作，很快便重新获得了目标感，感到十分满足。回头想想，她发现自己只是需要休假，而非晋升。她的志向是做基层工作，而不是管理组织的运营。

我们该怎么评价那些拒绝升职的老师？如果他们愿意在教室里跟学生们在一起，培养他们的能力，看着他们成长，你可以说他们没有志向，或者你也可以说他们志向远大，但是这是为了他们的学生，而不是为了他们自己……这个问题带我们走向了该话题的核心部分。

世界上有许多不同种类的志向，并不是所有的都令人赞赏，也不是所有的都能轻易与纯粹的、广义的贪婪区分开来：例如对权力、赞誉、财富、地位与名声的贪婪。一个只是因为想要登上顶位而想当工厂老板的人，与一个为了提高效率、提高生产力、使更多人受益而想要得到更高职位的人，一定有截然不同的志向。

我们经常听说哪些政客"一直想当总理"。事实上，前澳大利亚参议员阿曼达·范斯通（Amanda Vanstone）说，她不认识哪个总理在年轻时不渴望成为总理，也就是说，他们需要这样的志向，来激励他们在一个充满竞争的领域登上高位。

但他们是为了什么呢？

我写下这些文字的时候，正是澳大利亚前工党总理和澳大利亚工会理事会主席鲍勃·霍克（Bob Hawke）出讣告的那天。在政治领域的各个层面，霍克都能被誉为澳大利亚最好的工党总理，他与保罗·基廷（Paul Keating）——澳大利亚现代政治中最有远见与辩才的财政部部长合作，进行经济改革，改变了澳大利亚社会的方方面面：大幅提高高中入学率、敦促性别平等、实行浮动汇率制、放松对银行的管制、取消关税、在著名的"工资协议"中使工党政府与商会达成协议，等等。霍克广受欢迎，极具野心，但他是为了什么呢？毫无疑问，他被一种热情的，甚至是无情的渴望个人成功的志向所驱使，最终成了总理。但同时，他和基廷都是改革者，因而也有实现理想的志向。在政坛上，霍克与基廷一样，他们的目标是有所作为，远非局限于得到什么身份。

就如同工厂老板的例子一样，为了成为总理而成为总理，这种只为个人打算的志向——即典型的"虚荣心工程"，是不是与想要带领政府进行社会改革、消除贫困和无家可归人口、转向清洁能源、完善公共教育的志向有巨大的差距？前者的成就仅仅是展示其成功实现了自己的（或许是一生的）志向：我走上了巅峰。而对后者来说，得到高位只是实现另一些（或许是一生的）志向的机会，而这些志向能够让世界更美好。

志向是一个道德雷区。当它与自我放纵有关时，因为缺少更高层次的目标，最终一定会自爆。当它致力于造福社会时，自毁的风险便没有那么严重了，尽管权力腐败依旧可能发生，即使对那些一开始便想通过权力造福他人的人来说也是如此。

我们很难不同意柏拉图的观点，只想得到权力的人最没有资格得到权力。因为这些只想要权力的人（一直想要密谋登上高位，为了权力而梦想得到权力的人）是最容易因为掌权而腐败的人。

如果你的志向是成为领导者，可以借鉴一下中国古代哲学家老子的智慧："太上，下知有之。……功成事遂，百姓皆谓我自然。"

为了赢得他人尊重而追求高位，是一种缺乏自尊的表现。为了赢得他人羡慕而追求高位，通常是为了对别人、对自己隐藏自己的弱点和不足。任何在根本上只为自己谋高位的志向，都会让我们远离自知，因此，这种志向也是我们逃避真实自我的方式。

为了满足一个需求不满的自我不能给我们带来任何好处。得到"高位"的人，依旧无法实现自我，这是因为他们的自我需求非常之深，很难因外在的荣誉、奖赏、地位和赞扬而得到满足。他们也一定会让提拔他们的人感到失望，即使前者到达的位置看似能满足其野心，因为在得到高位后，他们内在的弱点和不足会变得愈发明显。事实上，我们都有"致命的缺陷"，而假装没有它则是一种疯狂的、最终会导致自食恶果的自我欺骗。鲍勃·霍克深受澳大利亚人民喜爱的一个原因就是他肯承认自己的不足，这在政治领导人中极不寻常。

人类充满了脆弱和缺陷，当我们承认这一点时，才能更好地与自己和他人相处。事实上，接触真实的自我就不可避免地要接触自己的脆弱。当我们用志向来掩盖这种脆弱，或者假装它不存在时（就是那些看起来不可战胜、拒绝承认错误也不会为此道歉的人），便会屈从于自负、自大与自命不凡。这会成为我们与他人之间的壁垒（尤其那些我们觉得不如自己的人），也会成为我们逃避自我的方式。因为，我们可以借此否定自己的真实人格——即，我们是社会动物，还会进一步成为合作者、社群主义者与平等主义者。没有什么比只为自己谋私利的志向更能让我们热衷竞争、减少同情，可同时，也没有什么比它更有吸引力："小心点儿她，她想取代你的工作。""不要让他进入董事会，他只想当主席。""她不是来这里玩儿的，她来这里只想赢。"

志向本身没有什么错。但当我们感到这种激励自己的冲动时，应当问问自己：我的志向是仅仅为了自己，还是为了能造福更多的人？我的志向是被我用来逃避内在自我的爱，还是用来实现它？

焦虑（Anxiety）

> 如果我们屈从于焦虑，这种自我专注的状态会阻碍我们
> 自省。

我们为什么在这里？这意味着什么？我们死后会发生什么？

这些与人类存在相关的焦虑并不会轻易表现出来，一部分的原因正如英国佛学家斯蒂芬·巴彻勒所说："焦虑并不是生活中的哪一个简单的瞬间，而是我们感受自己存在的基本方式。"关于焦虑，德国哲学家马丁·海德格尔（Martin Heidegger）也写到"它的气息会随着人类的存在而不停颤动"。

你或许会想，我们能通过焦虑逃避什么呢？然而，尽管面对这些

关于人类存在的焦虑是我们理解自我的重要一步，我们仍然善于将琐碎的烦恼填满脑袋，从而将这些问题弃之不顾，使它们变得不再重要。巴彻勒发现，甚至在出生后，生与死"便会不知不觉进入我们的日常谈话，与邻居、新闻和天气混杂在一起"。

除了这些"不停颤动"的关于人类存在的焦虑，我们大多数人更容易困扰于具体的疑虑和不安全感，以及生命本质的脆弱性和不确定性，以及我们不得不面对的潜在威胁，例如我们的种族能否在病弱的地球上幸存。如果再加上日常生活的压力，以及社会、经济、科技变革加速所带来的焦虑，假设我们让自己困于其中，那么就会有足够多的担忧让我们失眠。

焦虑可能表现为一种隐隐的不安——我很担心，但我不知道我具体在担忧什么。它也可能表现为一种十分明确的、急切的担忧——我会失业吗？我能通过考试吗？我们这个月怎么才能收支相抵？它有时也会表现为具体的症状，例如睡眠障碍、体重增减或者是心悸，有时还会伴随着紧张感。事实上，对很多人来说，紧张和焦虑是并发的。

既然焦虑是人类无法或缺的一种状态，它为什么会成为一种逃避自我的方式呢？我们大多数人都不喜欢焦虑，但都能正常应对，我们并没有试图用焦虑逃避什么。有些人会觉得焦虑是人生应当承受的重担，自己可以通过疗愈得到支持感。而另一些人会接纳它，把它当作一种"光荣负伤"，这是非常危险的。因为焦虑是一种自我专注的状态，我们在此状态下会逃避真实的自我，以及我们同情和关心他人的能力。

当我们陷入焦虑时，我们很难回应，甚至很难注意到别人的需求。焦虑使我们只关心自己的忧虑，如同作茧自缚，这会增加社交孤立（social isolation）的风险，因此焦虑也会是一种有害的躲避方式。

流行于西方社会的普遍性焦虑与生活方式的巨变有关，我们正在被社会分化的洪流裹挟，包括离婚率升高、家庭规模变小（现在四分之一的澳大利亚家庭仅有一人）、住房密度加大（强调了隐私与安全观念，这样不利于社会团结）、搬家更加频繁（在澳大利亚和美国这样的国家，我们平均六年就要搬一次家），以及对信息科技的依赖加大，它是以牺牲正常的人际交往为代价的。

社会分化的加剧难免会增加社交孤立的风险，而社交孤立可能会成为焦虑的原因，也可能会成为焦虑的后果。我们生来就是合作性与群体性的种群，因此，当我们与社会的联系被打破时，自然便会产生焦虑感。据美国流行病学家卡珊卓拉·阿尔卡拉斯（Kassandra Alcaraz）所说，社交孤立会导致高血压、炎症，以及认知水平和免疫系统的退化。怪不得许多健康专家都会重复美国心理学家朱丽安·霍尔特–伦斯塔德（Julianne Holt-Lunstad）提出的警告：社交孤立现在已成为比肥胖更严重的公共健康威胁。

焦虑症不同于各种形式的发牢骚，已经变得非常普遍了，未来某一天我们很可能会把它当作现代生活的普遍特征。在《首先，我们让野兽变得漂亮》（*First, We Make the Beast Beautiful*）一书中，萨拉·威尔逊（Sarah Wilson）记录了她对抗焦虑的过程，并表明了当代城市生活的压力有多容易引发焦虑。她列出了一长串导致焦虑的诱因，例如"在飞机上用笔记本电脑工作"、通勤、边跑步边吃饭、跟上技术更新的速度、在午休时间网购，可她接下来的话让人非常吃惊，尽管她知道这些事情会让她焦虑，她"依旧不管不顾地接触这些诱因……快节奏、多线工作、不断变化"。这已经成了她日常生活的习惯，也就是说，她让焦虑本身成了一种生活习惯。

我们不能为了简化问题而将焦虑分为"临床性"焦虑，即需要专业治疗的疾病和习惯性焦虑，可当代社会中焦虑的常态化与"上瘾"的常态化有着惊人的相似之处。一旦我们陷入习惯性焦虑，甚至让它成为日常生活的一部分，便很容易忽视自己的处境，即我们正处于自我专注的状态，很可能会陷入社交孤立。

一些焦虑者认为克制情绪能够掩盖习惯性焦虑，在《幸福难恒久》（*Happy Never After*）一书中，吉尔·斯塔克（Jill Stark）描述了焦虑是如何抑制社会交往和情感流动的，甚至导致她无法对失去亲人的朋友表现出同情。"在一种人们对痛苦感到极度不适的文化中，"她写道，"保持焦虑是一种安全的方式。"而其他焦虑者认为，不与人交往是对抗焦虑的最好方式，就好像他们的焦虑是与人交往引发的一样。

然而，事实却完全相反。与别人交往、回应别人的需求能有效缓解焦虑，因为这会让我们不再只关注自己，打破自我关注、社交孤立的循环，让爱与同情心在我们与他人之间自由地流动。

艾米成了名誉上的"阿姨"

我觉得自己一直是个容易焦虑的人，在我小时候我妈妈就说我杞人忧天，的确是这样，我总会想象最坏的事情发生。当我大一点时，我学会了一个词叫"灾变"，我觉得它完美地形容了我的担忧。我一直担心会发生不好的事，即便有一丁点不寻常出现都会这么想（例如某人迟到了一小会儿），总害怕会有什么可怕的事发生。

自然，我的恋爱也会受此影响，我觉得这种担忧会给对方很大压力。在小组里，人们管我叫"焦虑的艾米"，他们叫得很亲切，但我能意识到这种焦虑有点阻碍我与他人的交往。我这样不是因为遗传，正相反，我妈妈太悠闲了，我还曾因此担心过，就好像她没有小心体谅我的情绪一样。我有时还会想她是不是为了让我不再焦虑，故意表现得粗枝大叶。

有段时间我去做过心理咨询，这非常有用，治疗师说一部分问题可能是因为我形成了焦虑的习惯，并把它当成自我保护的外壳。一开始我觉得这很奇怪，我保护自己是为了防御什么呢？但之后我开始意识到这可能是真的，我意识到焦虑让我过于沉浸在自我关注中。治疗师让我去做冥想，但情况好像更糟糕了。

无论如何，我后来跟恋人同居了，但也很快就结束了。我知道他对我很好，但他像我妈妈一样悠闲自在，这让我受不了。我持续不断的焦虑也让他很难受。而且，像我这样的人出门时永远不会对酒店安排的房间感到满意。我总会因为某些原因感到担忧，我永远需要最低的楼层，靠近火灾逃生通道的房间。坐飞机对我来说也是不可能的，我非常害怕坐飞机。如果你必须在起飞前学会防撞击姿态，那我绝不会选择这样的旅行方式。

我知道我有点无可救药，即便我觉得某些焦虑合情合理，例如气候变化，或者我出门时有没有忘记关大门，我经常让他回去查看，但到了最后，他没办法忍受了。我们同意分道扬镳，他最后对我说的话真的很伤人，他说我太自私了，没办法跟任何人一起生活。太自私了！或许这就是别人对焦虑者的看法。

说实话，重新独居真是种解脱，我还是住在我们租的房子里。现在也还是住在那里，继续租房。我太焦虑了，不敢去抵押贷款，因为你永远不知道接下来会发生什么。我可能失业，利率可能上涨。但我自己住还是感觉更安定了，不用为自己的焦虑感到烦恼了。

无论如何，接下来发生的事十分有趣。当我跟伴侣在一起时，因为我们都很忙，我很少注意到隔壁的家庭，除了知道他们是亚洲人。但当我伴侣离开后不久，隔壁家庭的丈夫就因工伤去世了，留下他的妻子怡安和三个不到十岁的孩子。我了解到他们来自中国台湾，当我跟他们说过几次话之后，我发现怡安的处境非常困难。她在澳大利亚没有任何亲人，英语也不是很好。她有一份兼职，虽然领到了她丈夫公司的保险赔偿金，但日子依旧过得紧巴巴的。

我们逐渐熟络了起来，我开始帮助她带孩子，在她周末出去理发或者购物时照顾他们。我鼓励她参加当地图书馆周二晚上的英语会话班，这段时间我就帮她照顾小孩。有时我也会过去帮她准备晚餐、照顾孩子们睡觉，我能看出来她一个人做这些很吃力。我自己并不想要孩子，但我发现我逐渐喜欢上了这三个男孩子。

问题的关键是，我帮助他们的时候从来没有焦虑过。甚至当我为了让他们的妈妈休息一下，带着孩子们去公园或者看电影时，我想着这份责任，就不再想自己的烦恼了，而且我发现还有人比我更加焦虑。

几周前，怡安在医院待了三天，这对我来说真的是种考验。我请了假，搬到了隔壁去照顾孩子。这很有挑战性，可我要做的事情太多了，我觉得我一定是忘记了焦虑！场面有点混乱，照顾最小的孩子确实有点吓人，但我感到了真正的……可以说是宁静，尤其当他们都上床睡觉后。

我觉得"焦虑的艾米"正在改变，尽管她还没有完全消失。男孩子们开始叫我"艾米阿姨"，是最大的孩子先开始叫的，然后大家都跟着这么叫了。我非常喜欢这个称呼。与这家人的关系让我真正体会到了被需要的感觉，我从前从没体会过它。过去我也很少像跟这些男孩子们待在一起时笑得那么多。

没有什么比感到被需要更能让我们停止逃避的了。在《首先，我们让野兽变得漂亮》中，萨拉·威尔逊表示，当她生活的重心从自己的烦心事转移到自己未出生的小孩，或者需要她帮忙的老妇人时，她的焦虑就会减轻，或者变得无关紧要。

同情心不仅能帮助别人减轻痛苦，还能帮助自己缓解焦虑。这正是关于同情心奇怪的矛盾之处：它的关注点是他人的需求，但它却能治愈施与者①。

还有很多例子都表明，人们会沉浸在焦虑等精神障碍中，把它当

---

① 注意，这里的"同情心"并不是一种感情状态，而是一种心理规训，即无论我们对别人的看法如何，我们都要以善良和尊重待人。

成自己性格的一部分，甚至紧紧抓住它不放，就好像它是可以求助的朋友，至少是可信赖的伙伴。我们很多人都会用这种方式，通过习惯性焦虑来避免面对真实的自己。然而，正如艾米和萨拉那样，当我们允许内在的同情与爱自由流动时，我们的焦虑才会消失。

有意识地去培养同情他人的习惯，能让我们避免过度沉溺于自我关注。这不仅能拉近我们与需要帮助之人的距离，还能让我们靠近真实的自我。当我们把焦虑变成一种逃避方式时，我们最可能避开的是我们爱人的能力。

傲慢（Arrogance）

> 如果我们总是被自大所束缚，我们便是在逃避对自己不真实一面的恐惧。

你一定见过这种类型的人，他们自尊心非常强，认为自己的观点绝对正确，甚至会因此怀疑异见者的智商或理智；他们对自己的世界观和地位充满了优越感，并因此感到极度自信。

他们经常流露出一种古怪的、易怒的、暴躁的神情，就好像他们无法容忍其他人的无能与愚蠢，他们不屑一顾地管那些不如他们优越或聪明的人叫"粗人"或者"垃圾"，用这种充满鄙视的标签来增加自己的优越感，从而对更多人表达鄙视，甚至包括那些不聪明的、文化主流之外的、弱势的或者边缘的群体。

傲慢之人身上滋生的丑陋的优越感会像病毒一样渗入他们内心，让他们感觉自己非常重要，理所当然地得到自己想要的一切，无论是抢一个方便但违法的停车位，还是插队，或者跟人争论时永远占上风。

傲慢是一种鄙视他人的心态，有时近乎蔑视。比如你是一个司机，你可能会看到有一个人用比别人都慢的速度在人行道上自鸣得意地漫步，仿佛在说："我是受保护物种，你得等一下。"如果你是一个售货员，你可能看到有人提着满满的篮子在"12个物品及以下"的快速结账口，用一种"那又怎样"的蔑视眼神看着队伍后面焦急的顾客。如果你是一个学生，你可能会看见有人去图书馆，把某个作业的推荐书目藏在柜子上的其他地方，这样做同一份作业的其他组员就找不到它们了。

有时，傲慢与地位、财富和权力有关。公平地说，如果你在工作中十分受人敬重，你其实很难保持一种健康的谦逊心态：神医、大神教授、大咖治疗师……这些头衔对那些传播智慧、拥有高深知识、备受仰视的人来说并不陌生。如果有人说你比别人厉害，你需要一定的自制力才能抵挡这么想的诱惑。如果你在各种公众场合通常都是贵宾或者超级贵宾的话，就更是如此了。

傲慢就是拒绝以下现实：我们本质上拥有共同的人性，我们是相互联系的，我们生而平等，我们很多明显的优点和缺点（我们的成就、成功和我们的短处、失败）至少一部分源于基因或运气。我们对那些贫穷、弱势和边缘人群正常的反应是"如果没有好运气，我也会陷于此困境"。这呼吁我们应有同理心，而傲慢之人却无法接触到它。

所以你可能会问，这不就是有点过于自信吗？自信本质上说不是件好事吗？事实上，傲慢或自大也同样可以被理解为缺少自信。傲慢的人会傲慢地说，他们还没有开始重要的自我反省之旅，即便开始了也还没多久。

我们怎么能如此确定呢？很简单。只要是潜心进行过自我探索的人，便能理解为什么谦逊被称为"美德之王"：当我们直面真实的自我时，包括我们的阴影和其他的一切，我们会发现自己本质的人性。这个过程绝不会导致傲慢，相反还会让我们下定决心，在生活中更有同情心、更有爱；让我们欣赏自己爱人的能力（同时也警醒我们自己是不是同样也会伤人）；让我们坚定地做一些有意义的事；但它绝不会让我们感到自己高人一等。傲慢也跟这种人与人的比较不同：只有故意忽略人类本质的人性，人才会变得傲慢。

现在流行文化中强调的是提高每一个人的自尊，这可能是助长傲慢风气的重要因素。显然，自卑的问题应当受到关注，极端情况下，还需要专业治疗。但让每个人都有较强的自尊心，却会导致我们文化中对自信的迷恋，以及过于强调对孩子的奖赏和赞扬。

"星星需要闪耀，奖赏需要炫耀"，这样的文化带来的伤害是不可估量的。这会给孩子们灌输这样一种思想：我们应当为了奖励去做某件事，而不是因为某件事情值得去做。这让他们只期待赞扬与认可，无论自己应不应得。这也造成了这一代父母对孩子的自尊格外重视，就好像这是成功父母的重要指标。

一个悲伤的事实是，过分强调自尊很可能让孩子在青少年和成年时期产生失望和困惑的情绪。最终孩子们会痛苦地发现，并不是他们做的所有事情都会得到赞赏，并不是所有人都会觉得，长大后的这些孩子会像他们自己以为的一样厉害，"人人都是赢家"只是一句不切实际的口号。

前佛罗里达州立大学、现昆士兰大学的社会心理学家罗伊·鲍迈斯特（Roy Baumeister）便是积极心理运动的发起者之一。很多年来，鲍迈斯特一直假设自尊是"保持心理健康与取得成功的关键"，但随着他的研究进行，他开始意识到自控才能让我们过上满意的生活，而非自尊。现在，他认为自控是抑制自我放纵冲动所需的"道德力量"。无独有偶，马丁·塞利格曼（Martin Seligman）的研究也发现，自律是中学阶段取得成功的必要因素，而非自尊。

对自尊的过度关注很可能导致对自我的过度关注，而自我关注会让我们更少依赖支持我们的群体，因此助长个人主义更容易让人们变得傲慢。也就是说，对自尊的病态关注很可能不利于我们探索真实的自我。

自恋有时是一种病态的、社交孤立的状态，会让人们迷恋自己的倒影，就像希腊神话中的纳西索斯一样。它很容易与傲慢混淆，因为自恋者也认为别人除了无限赞美自己之外无足轻重。自恋型人格便是一个极端例子，它表现出了傲慢的矛盾性：一方面，傲慢的人好像只关心自己，只关心自己的志向、自己的"胜利"、自己的地位、培养自己的虚荣，你或许会觉得任何形式的自我关注都会产生一定程度的自我意识。然而，他们内心深处的不安却阻止了他们进行自我反省，更不用说袒露自己的脆弱①。

如果你相信自己是人上人，你自然会发展出一整套世界观来支持这种精英主义思想：你看到别人就会思考他们配不配跟你划到同一层级，甚至思考他们该不该像你一样理所当然地被特殊对待。"他们是低级生物，就是那样""她来自基因库的最底层""他的选票居然跟我的一样重要，真可笑"，这些傲慢的话是变本加厉地逃避自我的典型表现。

澳大利亚竞争与消费委员会主席罗德·西姆斯（Rod Sims）谈及澳大利亚企业文化时，在2019年1月的《澳大利亚金融评论报》（*Australian Financial Review*）中说道："有一部分人十分傲慢……他们身居特权地位，几乎能随心所欲地做任何事。"

说得通俗一点，傲慢的人"眼睛长在头顶上"，然而"头顶上"确实是个很好的藏身之处，一个审视内在灵魂的臭名昭著的糟糕视角。

你觉得你本就该得到好运气？这仅仅是因为你觉得所有人在一定程度上都是由运气塑造的，无论是基因还是其他什么。你认为社会永

---

① 我应当补充一下，我们所有人都会有点自恋，少量的自恋表明我们有健康的自尊，但当它发展为成熟的症状时，便会引诱我们躲避真实的自我。

远有"赢家和输家"，绝对没办法改变？这不过是用来辩护你对不幸之人毫无怜悯的说辞。你认为你天生就该站在金字塔顶端？当心下面的人会怨恨你。

你可以终其一生带着傲慢生活，但你终有一天会感到震惊：当你对别人、对"低等的"人偏见越来越强时，有一天你会震惊地发现，你讨厌他们是因为从他们身上看到了自己（参见"投射"章节）。到最后你可能会感到极度不适和困惑，有时还会出现心理问题，因为你发现了罗伯特·贝雷津所说的"我们最深层次的自我与我们平常的自我认知相距甚远"。如果贝雷津所说的"每个人都或多或少地感到他们有某种隐藏的'真实自我'"是真的，我们的傲慢也会在探索"真正的我是谁"时受到挑战。

金被指责"天性傲慢"

现在我想起自己过去的样子时还会感到难为情，说实话我这一辈子大部分时候都是那个样子。我和我的伴侣都有一个非常优越的成长环境，我们进了好学校、顶尖大学，一上班就有稳定的高薪工作，我们的父母会在方方面面帮助我们，包括经济方面。用传统的观念来看，我们是一对成功的夫妇。

我们在工作中遇到了同样的问题。有好几次，我们都因为对别的同事态度有问题被"约谈"，尤其是对下属和支持人员——电脑维修员、实习生、司机、保洁员这类人。想想过去，我们真的很傲慢，傲慢得不得了。但我们从来没承认过，无论对自己、对彼此还是对别人。

而且恰恰相反，当时我们还一起嘲笑那些人事专员对我们有多绝望。所有那些多愁善感的东西并不适合我们。我还记得那个跟我谈话的人，她是个没文化的野蛮人，所以我就把她打发走了。我从来不接受一看就不如我聪明的人给我的建议，更不用说让他们纠正我了，她甚至都听不懂我用的词汇，还一直让我解释我说的是什么意思。我还记得，有一次她说我是有名的"受不了傻瓜"的人，我把它当成了褒奖，尽管我感到有点不太舒服。但事实上，我和我的伴侣都认为受不了傻瓜是一件值得骄傲的事，为什么要忍受傻瓜呢？人生苦短，不是吗？

我们自认为是完全的现实主义者、务实主义者和功利主义者，完全不会多愁善感。我们的朋友也是这样的人，我们都互相加深了彼此的偏见，认为自己特别棒，好像一个金光灿灿的小圈子一样。在很多方面我们确实很棒，但我们像吹气球一样互相吹捧，所以你能想到事情的走向。

我的家庭关系有些紧张，我所有兄弟都觉得我们没有我们想象的那么好。有一天我的一个女儿问我，如果商店里一个女人做了蠢事，能不能对她说不友好的话。这可是我们的女儿！我们跟她解释说，如果有人做了蠢事，说他们蠢并不是不友好。

上中学后，她有了宗教信仰。我们很反感这个，我就知道送她去天主教中学有这个风险。有段时间她变得特别虔诚，甚至考虑去做修女，可除了奚落她，我们并不知道该如何处理这件事。她接受了一切，可我们好像就是从这时开始发现，她可能是比我们更好的人。

之后我遇到了很多困难。我觉得十拿九稳的晋升职位落到别人手里了。我用尽全力克制住自己，要求重审晋升程序，结果又被"约谈"了，但这次的人事专员更加老成，也更加直接。他对我说，除非我克制自己"天生的傲慢"，否则在这里永远不会得到晋升。天生的傲慢！哇哦。

当我还在消化这些话的意思，并且思考自己需不需要跳槽，甚至自己出去创业时（我已经这么威胁他们很多年了），我妈妈突然因胰腺癌去世了。这对我们所有人来说都是很大的打击，经过几次来回讨论，我们决定让爸爸跟我们一家住。天哪，这需要做出很多改变吗？我们那个虔诚的女儿并没有受到影响，但我害怕自己难以掩饰我觉得这破坏了我们的正常生活的事实。爸爸已经有老年痴呆的早期症状了，我们不得不拿出从未有过的耐心。惭愧地说，很多时候我不喜欢他的样子。

我知道我没有处理好这一切。我在家里变得更加暴躁，在工作上变得更加顽固。终于，在我伴侣的敦促下，我约见了人事专员，问他能不能给我介绍一个心理医生。

于是治疗开始了，到目前为止都非常痛苦。我们一起回顾了过去的很多事情，尤其关于我和我妈妈不愉快的事。我和我的兄弟们经常指责她非常有优越感，而现在我陷入了同样的处境。这简直糟透了，确切地说是耻辱。我在反思是不是我的优越感导致了我和兄弟们之间的裂痕，我在想象他们像我们曾经议论母亲那样议论我。

我的女儿（就是那个信教的女儿）知道我现在正处于艰难的时期。她仅仅是坐在我旁边，握住我的手，什么都没说，让我感觉像是躺在石头上晒太阳一样温暖。她是怎么在这么小的年纪就这么聪明的呢？或者说是有灵性，而非聪明。

照顾爸爸依旧是一项艰难的工作，但我在努力。毕竟这不是他的错。工作呢？我必须说，那个得到晋升的人做得非常好，而且我开始注意到为什么我的同事在我身边如此小心翼翼。说实话，在他们身边我会有点不舒服，我觉得他们一定在背后议论我傲慢议论了很多年了。如果有合适的机会，我会换一家公司工作。去一个没人了解自己过往的新环境会非常不错。

我能改变吗？我想要改变吗？我正在努力。治疗师说我需要先清理过去，然后才能真正改变。哇哦。说到忍受傻瓜，好吧，没有人想要成为傻瓜，不是吗？没有人想要成为傻瓜。治疗师给我灌输的这个思考方式非常有用。

忙碌（Busyness）

一直在跑步机上跑就代表了我们没有足够长的时间停下来思考为什么我们跑得如此艰难。

我们似乎把忙碌抬高成了一种社会美德，它好像是一种值得骄傲的荣誉，好像只有忙碌才意味着一个人充满"活力"。忙碌的开关似乎只能开启或者关掉：你要么忙碌，要么你就是个死人，或者说你真没用，就像死人一样。这么说有点夸张，但并不过分：看看你的日常谈话中有多少人为忙碌而感到骄傲，有时他们会用抱怨来掩饰。

我们允许自己休年假，以保护我们的身体与心理健康，却失去了那些碎片式的短暂休闲。呼吸着新鲜空气散步或跑步的乐趣——微风或细雨吹打在你的脸颊上，小鸟在歌唱，花儿在微笑，树叶飘落，跟邻居打个招呼——被健身房跑步机上的集中锻炼所取代。漫无目的与不期而遇的放松与快乐，以及我们在空闲时间放松的能力，都被我们凡事要求成效甚至带着目的去休闲娱乐的行为所压倒。

一个正常人会把不必要的忙碌视为健康隐患，不仅仅因为它会造成普遍的紧张和焦虑，还因为它会减少我们与家人、朋友、同事、邻居维持关系的需求。另外，它还剥夺了我们反省自我、恢复精力的时间，减少了我们定期进行自我反省的意识。

没有时间阅读？没有时间散步？没有时间玩儿？没有时间喝杯咖啡来维持不经常来往的人际关系？这种生活当然有问题，然而我们很多人已经习惯了这个疯狂的快节奏。在这个世界，不忙碌就意味着失败，而且"时间就是金钱"，这最危险的宣传让我们感觉自己负担不起在朋友身上花费的"无效"时间，更不用说找时间来追求纯粹的快乐了。

艾米莉重新定义了"时间就是金钱"

　　西奥是一名公司律师，他跟妻子艾米莉吃完晚饭后正坐在餐桌前。在他面前堆了一摞董事会的文件，他刚跟同事打了一个电话，并没有注意到艾米莉脸上恼怒的表情。当西奥去拿最上面的文件夹时，艾米莉尽可能平静地说："你还记得刚刚你在电话里怎么跟那个人打招呼的吗？"

　　"那是个同事，我们在整理会议上遗留的问题。"

　　"我不管他是谁，或者你们在整理什么。我问你刚刚你在电话里怎么打招呼的。你还记得你说了什么吗？"

　　"我不知道，我猜我可能说'你好吗？'或者'日安'，我经常这么说。你问这个具体是为了什么呢？"

　　"好好想一下，你说了什么？"

　　"或许是'晚安'？"

　　"哈，如果是那样就好了，那多有礼貌啊！"

　　"别说了，艾米，你想干什么？"

　　"你说，'怎么样，你忙吗？'"

　　"我不记得了。"

　　"说实话，西奥，我根本不需要去记。这些天你经常这么跟人打招呼，无论是不是打电话，就好像你只关心别人忙不忙。而且你在电话里除了真正讨论工作，就是说你有多忙。"

　　"我不觉得那——"

　　"听我说，西奥，你经常这么说。就连我妈都跟我抱怨说，要是你碰巧接了她的电话，她问你还好吗，你总说'哦，我一直在忙'，就好像她想知道这个，而不是你最近的新鲜事、孩子们的趣事，甚至是健康方面的事。哦，不，你一直在找事做，让自己忙碌起来，就好像这才是你生活的目标。"

"好吧，我真的很忙，我们都很忙。其实我怀疑你比我还忙，你要工作还要照顾孩子，还要——"

"你怀疑？你不敢确定，当然，我可以告诉你原因。因为你太忙了，所以你不知道你家里发生了什么事。"

"这么说就不公平了，我知道我回家时孩子们通常都睡了，但我们周末——"

"我们周末？我们上一个像样的周末是什么时候？哦，我知道你偶尔会去看孩子们踢足球，你也经常找像你一样忙碌的人聊天，这样你们就能聊那些打仗一样的故事了。上个周六就是，乔伊的比赛结束后你就回公司了，九点钟才回来，完全忘了我父母要来吃晚饭。"

"都已经过去了，艾米。其实我没去公司，我跟董事会的成员在冲浪俱乐部里有一个重要的会面，你应该给我打电话的。"

"不，西奥，不是我应该给你打电话，而是你应该在家。但是你不在，你太忙了，又是这样。"

艾米莉停顿了一会儿，深吸了口气。有那么一瞬间她想离开，让西奥自己在这里处理文件，但之后她挺直肩膀说道："我还没告诉你上周六晚上我哄乔伊睡觉时他说的话。"

"你肯定要说了。"

"他说，'下周爸爸还会这样吗'，我没告诉你是因为当时我的心都要碎了，就好像你一整个星期都没跟我们住在一起，就好像我们分开了，你只是周末来看看孩子一样。"

"这太扯了。"

"是吗？哦，我们都记得乔伊参加学校野营那次，他都回家了你还没发现他出去过。我们都想着把这件事当作笑话来看，但乔伊一点都不觉得好笑。或许你应该看看你在孩子眼里是什么样。"

"确实现在这段时间我非常忙。"

"现在？你上次带我去听音乐会是什么时候？出去吃晚餐是什么

时候？或者你上次自己过周末是什么时候？我父母都说了我们想出去的话他们可以照顾小孩。"

"时间就是金钱，艾米。我投入的时间都是很宝贵的，我觉得你根本不在乎收益。"

"哦，我就知道你要这么说。时间就是金钱！我告诉你我是怎么理解的，你想听吗？对我来说，在这段婚姻、这个家庭里，在我们应当一同度过的生命中，时间比金钱更重要，如果你真的认为时间就像金钱，你会意识到我们的时间多有价值，你就会意识到你用来赚钱的时间实际上是在消耗我们的生活。是我们的生活，西奥。"

"我知道我应该多待在家里——"

"行了。如果你一直这么忙碌，这就不能算待在家里的时间。就像现在，看看你，这不是'在家的时间'，这是你工作的时间，只不过换了个地方，说不定还没有你办公室舒适。"

"艾米，我——"

"西奥，这都是你自己说了算。我猜你之所以这么忙碌是因为你想忙起来，你喜欢变得忙碌。不仅仅是工作，还有你们讨人厌的董事会和委员会那些事，更不用说你有多沉迷于短信和邮件了……怎么能躲着我和孩子你就怎么来，你在逃避什么，西奥？我们？还是你自己？"

"简直胡说八道，胡说八道。"

"是吗？请你记住，对于你的家庭来说，时间就像金钱一样珍贵。我不想让你给我和孩子更多的钱，但我想让你多跟我们待在一起，仅是如此。下次我听到你说你有多忙，我会提醒自己，你能自由地选择怎么花费时间，就像你能自由地选择怎么花钱一样，也就是说，不论什么原因，你都是自己想要变得这么忙的。"

在当代"忙碌"文化之下，逃避他人是非常容易的。忙碌可以让你远离你想避开的社交场合，逃避婚姻或其他亲密关系中需要解决的问题，避免在孩子身上花费无意义的时间，可这样的休闲最容易加强关系的纽带。忙碌是社会凝聚力的敌人，阻碍了我们关注、陪伴与支持他人。当我们听说某人因为过于忙碌，不仅无法帮助他人，甚至意识不到对方需要什么帮助，这难道不会让我们感到震惊和悲哀吗？例如，我们好几天没见到隔壁邻居，他是不是遇到了什么难事？

戴着忙碌的面具，我们也很容易逃避真实的自己。如果我们足够忙碌，便没有时间自省，没有时间幻想，没有时间让意识自由地流动，没有时间审视我们的内心。我们很多人甚至因为忙碌，意识不到自己的压力正在增加。在这种情况下，忙碌会让我们分心，让我们无暇关注自己的灵魂。

澳大利亚神经科学家和神经科技研究所（Neurotech Institute）创始人菲奥娜·科尔（Fiona Kerr）博士肯定了冥想和神思①的价值：它们会阻止注意力长期分散带来的破坏性影响。她观察到，冥想能够产生"与爱有关的化学物质"，提高人们的价值感和归属感，而神思"能够使我们获得平静的内心来进行自省，让我们与自己交流，直到我们接受真正的我是谁"。正如科尔所说，"注意力分散会打破神思"，保持忙碌是最容易分散注意力的方式。

科尔称，任何年龄的人都对她承认过，他们故意让自己分心，因为他们不愿去反省自我——就像我们在第二章所说的，人们抗拒自我探索，通常是害怕在这个过程中会发现自己不喜欢的东西。或许，忙碌不仅是最容易用来逃避自我的一种方式，还是最容易被我们有意采用的方式。

"不要打扰妈妈，她很忙。"好，但是为什么呢？她是真的在忙重要的事，还是一种自我防卫的形式？如果是后者，她在防卫什么呢？

---

① "神思"是指超越某时某刻、更广阔深远的沉思。

"现在我终于退休了，我不知道过去我是怎么找到时间去工作的。"好，但是为什么呢？空闲时间有什么让你感到害怕的呢？

"我工作太忙了，总是把工作带回家做。"好，但是为什么呢？

有些关于过度忙碌的尴尬问题，我们不愿问自己也不愿问别人：我们这么忙是不是因为效率不高？我们是不是多占了应该分配得更公平的工作？

最过分的是，我们会小心地避免一个显而易见的问题：我这么忙碌是不是为了逃避我不想面对的东西？其中的表现便是，我们是否多次声称我们会放松下来（但没有），我们是否多次跟自己和家人保证总有一天会过一个"正常的假期"（保证了又保证）。

"忙碌"文化紧紧将我们攫住，我们很少停下来思考为什么我们一直这么忙碌。借用艾略特的一句话："我们在生活中失去的生活在哪里呢？"我们在生活中过于忙碌，是否牺牲了太多生活质量，甚至失去了完整的自我？

自满和确信感（Complacency and Certainty）

沐浴在确信感之下，我们便会产生一种错觉，相信所有事情都会顺理成章。

自满是一个非常舒服的"藏身之处"：它会阻碍我们的视野，让我们失去质疑事情的需要，包括我们的偏见以及我们社会身份与真实自我之间潜在的鸿沟。

自满可能是傲慢的产物，但它同样可能是无知的产物，从我们对周遭事物的无知——环境、政治、社会、文化、个人——到我们对真实自我的无知。无论是否假装为之，无知都是一个幸福的状态（也就是我们所说的"傻瓜的天堂"），以至于我们情有可原地不愿走出它所产生的自满中，尤其当我们不得不做某件事时，或者更糟糕，当我们不得不面对内在自我，从而承担帮助他人的责任时。

但是，确信感产生的自满才是最危险、最让人舒服的一种自满。

啊，确信感。如果是这样就好了。所有事情真的都是确定的吗？

太阳明天早上一定会升起吗？很大可能，但不能确定，而且没办法确定。如果想确定的话，你只能明天早上看看，因为生活本身就是不确定的。

如果你有伴侣，你的伴侣一定会跟你相伴一生吗？尽管你能自信地这么说，但意料之外的分手还是可能发生；人们进入一段关系中后还是可能会爱上别人，像是没办法控制自己的情感似的；厌倦期还是可能会出现，你也可能会离开，或许能让两个人都舒一口气。一生一世一双人并非多么罕见，但谁也没法确定。

如果你有孩子，你的孩子一定会比你活得久吗？

悲剧的是，并不一定。

你一定能留住这份工作吗？或者得到你想要的工作？或者在你的专业领域找到工作吗？并不一定。工作不稳定已经成了现代职场的本质特点，随着人工智能越来越多地出现在我们的生活中，现在的很多工种将来（或许比我们想象的要早）都会被机器取代。

你的养老金一定能支撑到你去世吗？祝你好运。

人类物种一定会生存繁衍下去吗？显然不一定，尤其当我们考虑到这个星球上正在加速的物种灭绝，以及一旦我们不愿或无法紧迫地应对气候变化的挑战，人类生存将面临的可怕前景。人类能生存到本世纪末吗？不一定。不太可能。

我们想要确定的大部分事情都是难以捉摸的。我们为什么在这里？我们死后会发生什么？为什么有人运气如此之差，另一些人就能实现所有梦想？我将来会怎样呢？

　　甚至那些有坚定宗教信仰的人也会承认他们有过怀疑，为什么不行呢？怀疑是信仰的原动力，是信仰之烛燃烧所必需的空气。如果我们知道一切，信仰便没有存在的必要了。信仰是想象的产物，是创造性的活动，对确定的追求会让我们远离它。

　　甚至在科学领域，什么是确定的呢？澳洲国立大学副校长、2011年诺贝尔物理学奖获得者之一、天文学家布莱恩·施密特（Brian Schmidt）认为，任何科学理论都应当被视为预测，因为很多我们以为的科学知识都只是假设。正如英国哲学家、数学家罗素早在七十五年前说的那样："科学永远都是尝试性的，当人们意识到某种方法无法在逻辑上通向最终的终点时，对现存理论的修改或早或晚都会变得必要。"其中丝毫没有自满的痕迹。

　　事实不仅会改变，我们对其意义的理解和诠释也会改变。在科学中，正如在所有人类行为中一样，我们必须通过某种视角进行观察，视角的更新能让我们在原有的内容中发现新的东西。

　　如果我们无法获得确定感，也就是说，带着怀疑生活，这是我们人类面对的最大挑战之一。不确定性、不安全感、无法预测性：这是关于人类生存的三个最本质的真相，它们都是自满的敌人。

　　鉴于以上，难怪我们中的一些人（让我们诚实一点，大多数人）如此渴望确定性，以至于我们会生活得好像周围一切都确定了似的，这会让我们沉浸在自满之中，划掉清单中一件件值得担心的事。

　　在某种层面上，这是一种理性的选择：我们假设上班乘坐的公交车一定会来，自己一定能一直在那里工作，就好像我们会认为所有关系都是永久且稳固的，因此便不再担心如果。

　　从另一层面上说，这意味着我们学会了如何安逸地生活在否定之中，因为确信感意味着否定某些事——除了死亡无法否定，但令人惊异的是，我们很多人甚至生活在对死亡的否定中。

假装确定某件事或者假设某件事大概率是真的，或某件事大概率会发生，非常接近我们平时所说的"信念"。这就等同于说"我相信它"或者"我相信它非常可能会发生，我相信它是真的，我会带着这种信念去生活"。

我们经常会这么做，当然，我们从来不回头思考。在实践层面上，信念就像希望一样，跟确信感很相似。在遇到压力时，我们可能勉强承认这些都是假设或信仰，但我们的理智依旧会把某些信念当作既定的事实。然而，信念和确信感不一样，如果我们不假思索地把它们混淆在一起，就如同打开了充满误解、错觉和欺骗的潘多拉魔盒。

如果你说有些人全然相信政治、科学在人类知识中的卓越地位，相信他们的权利和特权，或者其他能够让人确信的观点或信念，那么我认为这些人生活在否定之中，并且很有可能自满。

如果你说有些人的自以为是已经阻止他们看清自己的弱点和不足，那么我认为这些人正在滑进自满的深渊，一旦跌入其中，便不会再有进行自省的冲动，因为确信感永远伴随着不真诚。

相反，怀疑是真诚的标志，因而也是自满的敌人。怀疑可以算作一种美德，因为它保护了我们的谦虚，而确信感却让我们的自满超过了自知，而下一站便会是妄自尊大。

丁尼生（Tennyson）在他的诗作《古代圣人》（*The Ancient Sage*）中很好地阐明了这一点：

> 你不能证明值得证明的一切，
> 也不能否证：如果你足够智慧
> 就请抓住"怀疑"阳光的一面。

祖父和外祖父的故事

我妈妈结婚前姓布朗，结婚后姓格林，我成长的过程中听过很多关于我妈妈多萝茜"格林化"的故事。实际上情况正相反，我祖父一家非常肤浅乏味，而我的外祖父则是一个非常亲切温柔的老人。

他经常会反复说一些道理，但我们从来都不会烦。我不知道他是不是信教，但如果有什么事情安排他跟我们待在一起时，或者我们需要跟他一起去哪里时，他总是愿意听从，并且说"希望一切顺利"。就好像他知道没有什么事情是确定的，妈妈经常这么说，有时也会带着一点取笑布朗外祖父的意味，但也有一半严肃在里面。

当他跟我们在一起时，我们吃晚餐时总会兴致勃勃地谈话。我妈妈明显很崇拜他，整体气氛总是积极有爱的，但他也会很顽固，让人们不得不努力捍卫自己的观点。他憎恶一切形式的偏见，并且会说出来——甚至我弟弟对其他学校的孩子挖苦了几句，或者对他并不了解的事自以为是地评价了几句时也是如此。

"你怎么能这么确定自己说得对呢，年轻人？你有什么根据吗？"布朗外祖父经常这样说，语气很和善，但很认真。

他和我爸爸有截然不同的政治观点，但他们从来没有吵起来过。我依旧能想起布朗外祖父说："没有人能垄断真相，瑞克。"

他在第二次世界大战时参过军，我以为他会留下阴影，但这段经历只是让他对别人和别人的观点更加宽容了。我经常听到他说类似"没有人赢得战争"，以及"战争的每一方都觉得他们是对的，但没有什么人是完全正确或者完全错误的"这种话。

他的的确确影响了我看问题的态度，我也在努力变得宽容，而且不那么自以为是。"没有什么事情是确定的"是另一句祖父常说的话，"谈话时不要好像什么事情都确定了那样"。

他特别讨厌自满。他经常说，"没有什么是理所当然的"，"应当感恩，应当保持思考，当你觉得一切都皆大欢喜时，你就可能要出错了"。

而格林爷爷则完全不同。他总是人群中的焦点，很吵闹，很会开玩笑，永远需要观众捧场。我小时候觉得这样太棒了，但当我十三四岁时，便开始觉得这十分让人厌烦，而且意识到了祖父有多自负和自以为是。他想要赢得每一场争论。只有圣诞节的时候能见到祖父和外祖父在一起，他们真是完全不同的人。我发现外祖父经常保持低调，让祖父成为焦点，祖父也很乐意这样。当祖父被众人环绕时，只有他的观点才作数，如果有人反驳他，他会变得非常让人讨厌。

当我渐渐长大时，我开始发现祖父真的是个自命不凡甚至充满偏见的人。我没法跟我爸爸说，但我知道妈妈跟我想的一样。她曾说过布朗外祖父在他的人生中做了很多灵魂探索的功课……她似乎还有半句没说，但我知道她是想说格林祖父并不是那种会进行灵魂探索的人。

我总觉得布朗外祖父好像一滩充满宁静和智慧的幽深湖水，而格林祖父则是能溅起水花的浅水坑，尽管布朗外祖父总会斥责我说了什么刻薄的和没有证据的话。"不要认为你知道别人在想什么"是另一句他最爱说的话。

任何我需要寻求建议的时候，比如关于类似于大学专业、职业选择甚至男朋友的问题，布朗外祖父总会认认真真听我说完，仔细斟酌后才会给我建议。我从来不去问格林祖父，他太完美了，意思就是你没法让他敞开心扉。我觉得我没办法接近他。

他们的葬礼也是截然不同的。他们在同一年去世，格林祖父先走的，他的葬礼是在火葬场简单举行的，只有家人和几个朋友到场，有些人说了他最喜欢的笑话，爸爸简单地介绍了他的生平，葬礼很快就结束了，甚至连爸爸也没有看起来特别悲伤。

布朗外祖父葬礼上的人挤满了整个教堂。他的一些老战友也到场了，还有很多朋友、邻居、跟他一起在诊所工作的同事，甚至还有一些老客户。很多人都发言了，包括我妈妈令人触动的悼词，葬礼上有许多欢笑和泪水。他离开后我们真的很想念他，我现在也是，而且我依旧记得他说过的话——我真的在十分努力地不把一切当成理所应当。"自满是清醒思考的敌人。"是的，外祖父，我知道。

我们会钦佩有些人那种笃定的自信：事实上，詹姆斯·邦德（James Bond）电影中著名的苏格兰演员肖恩·康纳利（Sean Connery）曾说女人觉得男人最具吸引力的三个性格特征是自信、自信和自信[①]，但当自信膨胀成确信感，尤其是那种不假思索的确信感后，"我是对的，你是错的"，我们就很容易陷入自满，一旦陷进去，我们就再难承认自己的脆弱、不安全感和怀疑了，为了继续保持自信，我们会一直逃避它们。

幻想（Fantasy）

当我们允许幻想带我们远离现实时，我们也可能会远离自己。

幻想是多么容易逃避自我的方式啊：打开"幻想"的开关，往后一躺，便可以去我们幻想的任何地方了；在那里我们可以尽情做梦，而不必将它们变成现实；在那里我们不需要对幻想出来的事物负任何责任。

我现在所谈论的是自发的幻想，是自由地想象，而不是出现在幻视、幻听、错觉或其他需要治疗的精神疾病中时而狂喜、时而恐怖的片段。同样，我所谈论的幻想也不是服用致幻药剂后的症状，或者梦

[①] 他没有说男人觉得女人最具吸引力的特征是什么。

境中生动的片段。

自发的幻想非常有助于放松精神，当然也能给人很多乐趣。还有什么能比幻想出一个完全符合个人口味的童话世界更令人开心呢：在慢镜头、柔聚焦营造的期待之中，你的心上人正在向你跑来，开着你梦想中的汽车，带你去你梦中的度假胜地，所有这些都不需要力气、金钱以及经营一段关系所需的琐碎日常？

用莎士比亚的话说，这如同一个孩子"像蜗牛一样不想去上学"，她幻想着一架喷气式飞机能把她带到天上，挑衅般地在学校的屋顶上俯冲几个来回，然后悄悄把她放在沙滩上。或者一个办公室员工，整日盯着屏幕，想象着他是最高统治者，颁布法令废除了所有电脑，并宣布每周只工作三天，从而在紧张的工作中得到放松。

当你在超市结账时，想象着你在世界级比赛上临门一击取得胜利有什么坏处？当你挤公交车上班时，想象自己过着另一种生活，或许还包括伴侣具体迎接你回家的样子有什么不好？又或者，回忆过去发生的事情，让整个剧本变成你喜欢的样子呢？

大多数自发性幻想的内容都有关于我们对外部环境的掌控。其实，如此幻想没什么奇怪的：我们很多人都会感到挫败，因为我们会有无力感，我们会因自己实际上无法掌控周遭的事而感到焦灼①。幻想自己掌控一切相当于一种心理补偿，就像那些快乐的幻想一样：毕竟，谁不想开心一点呢？

有时我们幻想自己掌控一切，是因为我们觉得自己比别人知道的多，要么是因为我们有更高级的世界观，要么是因为我们破解了什么密码——或许是通过某个特殊网站（暗网或其他）看到的阴谋论。这样的幻想源于我们相信"知识就是力量"，而秘密的知识是最有力量的。

---

① 在这一方面我们是对的：很多情况下，我们只能掌控自己对某件事的反应，而不能掌控事情发展本身。

其他幻想能给我们带来掌控幻想的快感，让我们体验日常生活中不常有的"发号施令"，从而给予我们心理补偿。暴力电子游戏之所以广受欢迎，就是因为它基本依赖于带给人们掌控感。电影、电视剧、书籍和音乐视频等剧情类媒体素材的兴起，也是因为它们补偿了现实中的无力感：例如《星球大战》《权力的游戏》《指环王》《黑镜》等剧情类作品，它们让我们暂时远离无法掌控的现实，进入了一个没有乏味、劳苦、压力和责任的世界：驯服巨龙！消灭你的敌人！与半神交欢！奴役机器人！

幻想有时能帮助我们触及真实的自我：我们的梦境和幻想，只要不发展成危险的错觉，就能刺激我们对世界、对自己产生更深的思索，让我们对世界充满乐观和希望。认识故事作品中的典型人设也能使我们受益良多，从儿童童话故事开始：不完美的英雄、聪明的智者、看护者、美丽的公主、阴影和黑暗面、国外的无辜者，等等。幻想经常给人带来希望，尽管也有很多反乌托邦作品。总之，幻想可以触发我们进行自我探索，积极思索我们想要成为怎样的人，以及我们想要创造怎样的社会。

但大多数时候它不会这么理想化。沉溺于幻想是首选的逃避现实的方式，我们可以通过这种方式，创造一个时而无害又时而危险的"藏身之处"，在这里，我们能够假装拥有我们缺乏的某些品质和能力。

我很强大——也就是否定了我们的弱点和不足。

我有不可抵挡的魅力——也就是否认这样的事实：如果幸运，可能还会有几个人喜欢我。

我能够应付生活中的所有人——也就是拒绝承担慷慨、宽容待人的责任，拒绝与别人和平共处。

我能做我想做的任何事——也就是拒绝服从公民社会的道德和社会约束。

显然这些幻想都不现实，但它们哪里危险呢？我们的幻想真的没有坏处吗？是的，当我们独自幻想，只是偶尔沉浸其中时，它并没有坏处。但如果我们分不清幻想和现实的界限，越发远离现实，相信我们拥有幻想中的完美人格，这就危险了。

在幻想中，我们突破了正常想象的界限。大多数情况下，我们的想象是与现实和理性相关的：我们会想象事情会如何不同，但不会添油加醋，增加太多的混乱和动荡。健康的幻想不仅有利于创作，还有助于处理棘手的人际关系。但幻想一旦让我们脱离现实便会失控。它可以是无害的、令人放松的乐趣，也可以是危险的诱惑。

当父母说"你能做任何你想做的事"时，会让孩子产生不切实际的幻想，尽管父母可能完全没有这样的意图。哇！他们可以吗？真的吗？不，他们当然不能。让孩子考虑自己的将来并没有错，"如果你能找到你擅长的和你喜欢的事，那就太好了"，但如果说"你会擅长所有事"而不是"一些事"，则会鼓励孩子产生不切实际的幻想，最终，现实会让他们失望。

还记得乔治娅和迈克尔吗？第一章出现的那对年轻夫妇。他们没有正式离婚，在分开一年后，迈克尔联系了乔治娅，问她愿不愿意去他们经常去的咖啡馆见他。迈克尔因为工作原因搬到了墨尔本，但他正在悉尼旅行，他告诉乔治娅，自己有些心里话要跟她说。

迈克尔积极想象的"力量"

迈克尔正坐在他们常去的角落的位置，乔治娅慢慢向他走来。她对他的邀请很感兴趣，但现在却非常小心翼翼。迈克尔站起来，轻轻吻了一下她的脸颊，他们在老地方坐下，乔治娅并没有解开大衣的扣子。

"其实我差点就不来了，"她说，"你这一整年完全没有音信，现在真让人出乎意料……"

"完全没有音信？我给你发的短信呢？"

"什么短信，迈克？我从来没收到过你的短信。"

"我一开始给你发了很多短信，我肯定发了，但你从来没有回复过。"

"没有，迈克。是你觉得你给我发了很多短信，或许你只是在脑中编辑过，想象自己发出去了，说不定你还想象我把它们删掉了，但你确实没有发出去。幻想，迈克，全都是幻想。"

"好吧，或许是因为现实对我来说太痛苦了。"

"什么现实？"

"我们分开的现实。我好像失去了知觉。你也毫无音信，乔治娅。"

"我有我的原因。"

"为什么？"

"你有太多次喝得醉醺醺地回家了，是你最后跟我说我是个讨厌鬼的。"

"你要说的是这些吗？但我保证我根本想不起来我说过那样的话，我一定是喝醉了，我不是这么想的，现在也不是。我觉得遇到你是我生命中最美好的事，现在也这么想。我一直都想跟你在一起，我每天都在想你。"

"那你想了有365天了，现在才跟我说这些？"

"你没有好好听我说，乔治娅。我知道我过去酗酒太多次了，我知道我过去说了很多醉话。可现在我没醉，我再也不喝酒了，我再也不会那样说了。"

"你继续说吧。"

"我承认我厌烦了我们之间毫无保留的约定，我不想一直都生活在你的审视下。你还记得我们曾经那种毫无保留的汇报吗？关于我在想什么或我有什么感觉。"

"汇报？什么汇报？这又是你的幻想吗，迈克？"

迈克尔不可置信地看着乔治娅，就好像他无法确定她是故意忘记了还是走神了。

"无论如何，迈克，我们的婚姻并不成功。还记得吗？我们的婚姻中有太多的假装和虚伪，那是不健康的关系，你觉得呢？"

迈克尔摇头。"当我看着你时，我依旧能看见过去能看见的东西，我看见我们有了几个孩子，或许都是女孩，过上了真正的家庭生活。现在只有我们两个人，真令人吃惊，但你知道我一直希望你能同意要小孩的。"

"迈克，我很担心你，你现在已经分不清幻想和现实了，我觉得你过去一年都在做梦，幻想着不存在的事。"

"不是做梦，乔治娅，是积极想象。你同意今天来见我，都是积极想象的结果。我猜你并不是真的想来，但你又感觉必须要来，不是吗？积极想象，这是它的力量。"迈克尔交叠双臂，露出微笑，"无论如何，我们过去总说我们会有孩子的。"

"过去我们确实说过，但我想我从来没有真的相信过。"

迈克尔震惊地看着她。"可是，你让我相信了，我很长时间都抱着这个想法。"

"什么想法？我们在一起要小孩的想法吗？"

"当然了，为什么不呢？我打算在墨尔本重新开始，你可以搬过来，我们会有崭新的开始。我已经戒酒了，几乎完全戒了。我都想得非常清楚了，我知道我们可以的。"

"迈克，听着，我正在跟其他人约会，虽然还没定下来，但是——"

"我猜这就是你不回我短信的原因，我知道这总归是难免的。我搬到墨尔本后也跟几个女人约会过，但你才是我的真命天女，乔治娅。你和我是天作之合。你、我，还有我们的孩子。你现在没有怀孕吧？"

"迈克尔！天哪，不。你为什么问这个？"

"抱歉，只是我一直在想象你怀孕的场景，这种感觉非常强烈、非常真实，我还有点害怕这个想法已经变成现实了，或者是对现实的感应呢。现在我能松一口气了，真的。"

"迈克，听我说。我不会来墨尔本，也不会因为你幻想我们会在一起、会有孩子而把我的生活变得天翻地覆。现实一点，拜托你！"

"你看，乔治娅，我知道你需要时间来接受这个想法，但你来墨尔本生活绝不会变得天翻地覆，至少过来待一周，然后看看我们一起生活得如何，看看我为我们规划的生活，我公寓里甚至准备了房间——"

"迈克，请你不要再说了！我该走了，说实话，这一切都有点让人难过。"

他们都站起来了。

"我知道这有点吓到你了，乔治娅，别跟我就这么一笔勾销了。你再想想，好好想想。我过两周再打给你。现在我定期会来悉尼，我们还会再见的。我知道你会来。积极想象，乔治娅。你也应该试试。"

分手后的寂寞很容易让人幻想关于过去的事，但请注意，迈克尔认为乔治娅同意来见他是他积极想象的结果，这便是典型的"魔幻想象"——它是幻想的一种，主要是关于想象层面的控制，即让人们相信他们的想法能够控制事态发展，能够影响别人的行为。

最简单的例子是，"魔幻想象"能让人相信他们的意志能随时召唤出一个停车位，或者让他们在出机场时不用排队打车。任何这种形式的巧合，都能让他们对想象的力量更加深信不疑。事实上，巧合经常出现，无论在文学作品中还是在生活中，以至于有些人把它看得特别重：你是白羊座？真的吗？我儿子也是白羊座的！

就像迈克尔担心乔治娅怀孕那样，相信"魔幻想象"的力量也会让人感到不安，人们有时会害怕去想"阴暗"的想法，以防招致什么灾祸，或许是重病，或许是空难，更普遍地，很多民俗、迷信和文化活动都立足于"魔法想象"：

别这么说，否则你会招致厄运。

我跟她说过桌子朝着那个方向会导致跟同事不和。

吃鱼的时候不能把鱼翻过来，否则世界上就会有一艘渔船翻船。

自从我们在花园中安了喷泉，我们的现金流就大大增加了。

我不想谈论试镜的事，它可能会给我的前途带来厄运。

小心：祸不单行。

幻想可以是有趣的，可以是无害的，但也可以成为"藏身之处"。幻想本质的危险在于，它会让我们对现实做出完全错误的解读，对未来产生不切现实的期待，即便它远非魔幻或狂妄的想象。对自己说"我能做到我想做的任何事"是毫无意义的：首先这是假的，其次如果你想要接近真实的内在，而非幻想的自我，这么想完全没有帮助。

如果我们幻想的自己比现实的自己（或者自己的能力）更加强大，掌控更多，这些幻想不仅会阻碍我们看到自己更加复杂、更少魅力的一面，还会让我们远离真实的自己。

宿命论（Fatalism）

"一切就是这样"像咒语一样分散了我们的注意力，让我们无法丰富自己与他人的生命。

"一切就是这样"这句话非常诱人，像是一个通向藏身之所的路标，它热烈欢迎着我们，为我们提供避难所，以抵挡我们内心恼人的声音：事情不一定是这样的；你能做得更好；为什么不制订一个更高的目标呢？

当然，在很多情况下，这句话或许是唯一理智的回应：例如被诊断出不治之症，曾经的爱侣移情别恋，什么都没做错就被裁员，还有那些让我们的生活变得极度混乱的自然灾害。至少在第一次遇到这些事时，谁不会感到挫败和气馁呢？然而有些人却会挺起胸膛说："我不想要这样，但这是我必须要面对的。"

冷静地接受生活中的一切，有时可能会变成一种消极态度——完全向"命运"投降。也就是说，无论发生什么事，我们都会耸耸肩说道："一切就是这样，我也没办法。"

如果我们仅仅是想表达未来一切都是未知的，这没有什么。但是请警惕这种情况——"一切就是这样"可能会变成"未来的一切就是这样"，这种想法让我们不愿为我们将来会变成什么样（也就是我们行为的后果）负责，它会贬抑我们的意志、目的和选择，让我们不愿制订计划，它还会把"顺从命运"抬高成一种生活策略。

而与宿命论截然相反的是19世纪英国诗人威廉·埃内斯特·亨利（William Ernest Henley）在其诗作《不可征服》（Invictus）中表达的情感："我是命运的主宰，我是灵魂的统帅。"如果你认同亨利的观点，那么这句人们常说的"一切就是这样"之后就需要再加上另外一句："接下来就看我要怎么应对了。"

著名的"宁静祷文"通常被认为是20世纪美国神学家莱因霍尔德·尼布尔（Reinhold Niebuhr）提出的，它后来被嗜酒者互诫协会（Alcoholics Anonymous）所采纳，它强调了顺从命运与采取行动之间的平衡：

上帝赐予我平静，接受无法改变之事；上帝赐予我勇气，改变可能改变之事；上帝赐予我智慧，辨别两者的不同。

也就是说，如果我们保持理智，就必须接受现状，无论现状怎样，都是我们所处的现实。但接受现状并不意味着顺从："这就是现状"并不意味着它不可改变。如果它让我们感到不适，或者将我们置于道德的险境，或者给我们带来身体上的伤害，我们就要努力改变它。如果真的无法改变现状——例如必须照顾年迈的父母——我们就要改变我们的态度，例如给别人更多同情与爱。之后我们便会发现，同情与爱能给我们的内心带来宁静。

当我们面对任何事情，都只是无力地耸耸肩时；当我们等待他人行动，以便自己只需简单回应他人时；当我们对内心的声音，无论是"理智的声音""同情的声音"还是"信仰的声音"都置之不顾时，我们便很有可能通过宿命论来逃避真实自我了。

默文对一个错误选择的悔恨

我依旧能回想起那一刻——当我停好车准备走进婚宴场地，预约时间并支付定金的时刻。那时我很年轻——尽管这不该是借口，而且我很虔诚，我完全服从于上帝的意志，却不知道这在现实生活中意味着什么。事实上，回首过去，我觉得我所谓的信仰跟宿命论并没有区别。过去我认为任何事情的发生都是上帝的意旨，上帝掌管一切，我们只能听天由命……我相信诸如此类的东西。

在某种程度上，这意味着我完全放弃了自由意志，但显然，我所做的所有慎重的决定，都像是自由意志的结果，比如我向简求婚了（我有些记不清了，我觉得可能是她向我求的婚），我决定从事法律行业，我决定搬出家里到外面租房，我决定买车——一辆老式的沃尔斯利——之后便开始了到处找车位的生活，因而我并不完全像是随风飘零的树叶，任由命运摆布。

无论如何，回想起那一刻，我内心深处坚信简并不是我应该娶的那个姑娘，或者更准确地说，我觉得我也不是她应该嫁的那种人。那时，我正打算走进婚宴场地，准备为一个我知道不应该举行的仪式交定金。我们的关系中并没有出现第三者，我只是想不出我们应该结婚的原因。我希望今天什么都不会发生，可我们已经谈了很久恋爱，我们都是没有耐心的恋爱新手。

如果上帝不想让我跟简结婚，我想，他会阻止的，一定会有什么事情发生，来阻止婚礼的举行，一切都取决于他（当时我认为上帝是男性，还认为上帝是干涉主义者）。于是我听天由命地交了定金，该做什么做什么，等待着上帝的信号。

但没有信号，没有干预，一切都按计划有条不紊地进行。我们结婚了，我们开车去往婚宴的时候，我突然有一阵熟悉的感觉，就好像我正在期待着有什么事情会来阻止我们，甚至在婚礼的最后时刻也是这样。

然而，什么都没发生，上帝并没有阻止我们，我想，这段婚礼一定是他的旨意吧。（这段时间，并没有我所知道的任何一位神祇试图破坏任何人的婚礼计划，但那是另一回事。）

因为我宗教信仰掩盖下的宿命论，可怜的简跟我过了五年痛苦的生活，一次早餐，她带着令人羡慕的沉着与自信宣布，她跟我结婚是个可怕的错误，她打算先去欧洲待一个月，再考虑接下来怎么办。

无须多言，我感到了深深的解脱，我称赞了她的勇气，她去欧洲后再也没回来。她从伦敦写信给我——这是一封很长、很真诚的信，而且也很宽容大度——她说她找到了工作，打算一直待在那里。

我们离婚了，她后来跟一个威尔士人结了婚——很多年后我去英国旅游的时候见过他们，她像是变了个人一样。毫无疑问那才是真实的她，而不是我们在一起时她表现出的样子，我们当时都极力地想要取悦对方。

谢谢你，上帝。但我得说，你的动作有点慢。

你不需要发展到默文那种程度（年纪轻轻就受制于这种"宗教信仰"），就能发现宿命论是个非常有吸引力的"避难所"，它能让你不必面对真实的自我。很多人都会做一些自己明知不理智、鲁莽或者欠考虑的事情，就好像把命运扔到风中。"让我们看看接下来会发生什么"像是进行一场大胆的赌博，尽管这样做对于那些想知道确切信息的人来说，是最令人恼火的。

　　"我要把它交给宇宙"是"我不会为此负责——我只要随波逐流就好了"的另一种时髦说法。当然在某些时候，这种等等看的心态是非常合理的选择："等等看"已经被很多千禧一代和后千禧一代奉为准则。为什么不呢？他们生存的世界是如此动荡，一切家庭、工作和科技方面的变化，都会给他们带来不确定感和不可预测感，这种感觉伴随着他们的整个成长过程。

　　患有成瘾症的人有时会用宿命论来逃避问题。有些人会选择扮演受害者（详见"受害者心理"章节），用无力的宿命论来解释他们的处境："我能做什么？看看命运对我做了什么吧"，就如同默文结婚前的心理一样，很多人的宗教信仰都相当于宿命论，人们会借此逃避对自己行为的责任，并把一切归于"上帝的旨意"。

　　相似地，占星学和迷信观念也能引发宿命论的心理，弱化自我在塑造自身时发挥的作用：

你在期待什么？他可是射手座的。

水星逆行了，事情一定会出错。

人们说13是个不吉利的数字，瞎说——13是我的幸运数字呢。

你没法抵抗现实——这是你的命运。

　　甚至人们经常说的关于"命中注定"的这种话，也带有宿命论的倾向。"这跟我无关，这是命中注定的。"

在某种程度上，宿命论是无害的。但是，当我们把它当作消极、顺从和逃避责任的借口时，我们便会离更深层次、更真实的自我越来越远。

"真见鬼！"凯蒂的冒险

凯蒂是一所大型私立男女混校的历史老师，她的教学任务很重，还要承担课外运动和戏剧的教学。她在周末经常感到精疲力竭，但有时也会为此感到庆幸，因为疲惫使她只想休息，不用为她丈夫斯图好像正在对她失去兴趣而烦心。

她对斯图也越来越不耐烦，他是她上一所任教学校的体育老师。他的教学任务比她要轻一点，他喜欢在长跑后去喝酒，以此来放松。凯蒂过去还会跟斯图一起跑步，但他却一直想要增加速度和距离，凯蒂跟不上，她也不想跟他一起喝酒。

凯蒂喜欢历史，也曾试图培养斯图对历史的兴趣，但没有用。他们刚在一起时，他看起来对历史很感兴趣，但他的兴趣很快就消退了。他们对于电影和音乐的口味也随着他们在一起的时间越来越长而显现出不同，因此，他们更愿意跟朋友而非彼此一起去电影院或剧场。斯图一开始也不会喝那么多酒，她试图劝他，喝酒和健身并不匹配，但他说他健身的唯一目的就是为了喝酒。

彼得是凯蒂上一所任教学校的历史系主任，是个有名的花花公子。有好几位学校员工都跟他有过短暂而激情四射的恋情，并因此受到伤害，有些人会公开谈论她们的经历，用来警告其他人。那时，凯蒂刚跟斯图在一起，她发现自己很容易就能吸引彼得的注意。

当彼得突然给凯蒂发短信，邀请她工作后一起去喝一杯时，凯蒂没有多想他背后的深意。事实上，她很兴奋地接受了。那个早上，她告诉斯图，她厌倦了他酗酒，厌倦了他对历史不感兴趣。她几乎就要对他下最后通牒了，但她在最后关头打住了。

她知道自己正在招致灾祸，知道自己在做她会劝别人不要做的事，知道自己忽略了内心的道德感，她在跟彼得一起喝酒时说"好"，被要求跟他在一起待更长时间时也说"好"。

很快她发现自己被彼得迷住了，她喜欢跟他的长谈，他们都对历史很感兴趣。这段恋情持续了好几个月，凯蒂一直劝自己，她是个完全现实的人，甚至是相信宿命论的人，她知道这件事情很可能没有结果。

"这么多年来我第一次跟真正对我感兴趣的人在一起。我知道他不爱我，但我不在乎。斯图也不爱我，不是真正爱我，"这是她对闺蜜说的，"我只想让命运推我向前。"

当她朋友偶尔反对她的婚外情时，凯蒂会说，"可事情就是发展成这样了"。

一切并没有像凯蒂期望的一样毫无痛苦，很快，彼得跟她说他要结婚了，他们的约会必须"至少停止一段时间"。

让凯蒂毫无预料的是，她崩溃了。她知道自己行为荒唐而不计后果，她知道自己不负责任，但她不在乎这些，她打算等着事情自然而然地发展，看看彼得会不会再打来电话。

凯蒂的婚外情和默文注定失败的婚姻（"注定失败"这个词有些宿命论了）有着共同点：他们都没有听从内心的声音，而是选择"顺从命运"。如果他们不用宿命论来逃避自我，或许能避免因此遭受的情感伤害。

"遗忘"（Forgetting）

如果我们肆意歪曲令人不快的过往，这种行为便会损害当下的真实。

"遗忘"加引号是为了强调，作为一种逃避自我的方式，它专指我们为了自我保护而歪曲记忆，从而远离那些让我们过于伤心，或者过于耻辱，以至于再也不想回忆起细节的过往。或许说，我们会下意识地拒绝承认那些记忆，压抑它们，表现得就好像什么事也没有发生。我们通过选择性地保留记忆，来逃避我们的真实内在。

当这种形式的遗忘被用来保护我们的精神、心理与情感健康时，它能给我们带来很多益处。例如，童年遭受过虐待的创伤人群，或者目睹过战争中可怕的屠杀场景的士兵，都需要将这些记忆忘掉，不再与任何人谈论这些事情，或者干脆忘掉它们曾经发生过。尽管人类记忆的不可靠性已然众所皆知，但这可能是它带来的益处之一[①]。

尽管这种形式的遗忘或者说记忆压制，对我们的情绪健康来说似乎是必需的，但总体上说，我们为了让自己远离痛苦的回忆，付出了很多代价。它们会在梦魇中缠着我们，它们会在多年后重新出现，或许是被什么意想不到的事情触发。而且，尽管我们会有意识地"让这些记忆离开"，但它们依旧是我们的一部分，否认它们等同于逼迫自己放弃过往中的真实自我，这会给我们带来损害。

选择性遗忘并不总是有益的，也并不总是能够起到预期的治疗效

---

① 在更有效的疼痛控制方法出现之前，民间传说认为，如果女性能够回想起分娩时的疼痛，她们绝不会愿意要第二个孩子。

果。有时它也会成为蓄意策划的谎言，成为一个我们最好永远不要涉足的"藏身之地"。

婚姻破裂后，过往被改写

一年的动荡生活过去之后，肖恩和佐维结束了二十年的婚姻。在肖恩看来，他们离婚的第一个迹象便是佐维搬进了空房间，并跟他们十七岁的双胞胎女儿解释说她有睡眠问题。

佐维对她的朋友说，她越来越无法忍受跟肖恩一同生活。她说，作为医学专家，肖恩完全沉浸于自己的工作，根本无心于性生活，暗示肖恩已经对她失去了兴趣。（而在肖恩看来，佐维在他睡觉之前表演装睡的艺术已经登峰造极了。）

几个月过去了，佐维一直拒绝肖恩关于接受婚姻咨询的提议，并开始寻找新的住处。肖恩恳求她先租房，因为他非常想要跟她和解，而佐维却明确地说她的字典中没有"和解"两个字，在某次激烈的争吵中她对肖恩说："你也别想着要和解了。"

情况恶化后，很多亲朋好友都试图让佐维说清楚他们"真正的问题"到底是什么，因为从外人看来，这段婚姻很稳固，他们都很爱他们的女儿。佐维一直说她没办法解释为什么再也不可能跟肖恩一起生活，但就是不可能了。她也向她最好的朋友承认，是她，而不是肖恩，不想再跟对方进行亲密接触了。

这位朋友仔细思索了一下佐维跟她说过的事，发现佐维在正式向肖恩提出离婚之前，已经有这种想法三年了。亲戚朋友们都想知道发生了什么，他们猜测佐维可能喜欢上了别人，但没有证据，肖恩直截了当地问她时，她也拒绝回答。

看着他们从开始到分开，朋友们都觉得这很让人难过，肖恩依旧想对佐维示好，但佐维已经没有感觉了，她甚至把肖恩当成了陌生人。

没过多久，佐维买了一套公寓，让女儿们跟着肖恩在家里住，周末可以来看她。她让肖恩带着女儿们去乡下看望祖母，趁着这个周末，她如期搬进了新公寓。

他们似乎都过上了新的生活，女孩们每隔一周来跟佐维共度一次周末，肖恩出去旅游时，佐维偶尔会回家跟女儿们住。

肖恩也慢慢恢复了生活常态，他雇了一个管家，努力缩短工作时间。第二年，女儿们都上了大学，搬进了大学校园。

五年后，肖恩遇到了另一个女人并和她结了婚，巧合的是，她也有一对双胞胎女儿。四个姑娘都离家很久了，她们都很高兴能看见曾经痛苦的父母重新开启一段新感情。

十年后，肖恩的某个朋友在商店里碰到了佐维，她看起来很憔悴，比她的实际年龄老很多，但还是像过去一样时尚精致。他问她是怎么度过这些年的，她说："你知道吗，我一直不明白肖恩为什么离开我，我觉得我们曾经有一段完美的婚姻。"

这位朋友在他们离婚时就跟肖恩很熟，他听到这段话后吃惊到不知如何回应。当他回想起这次偶遇时，他说："我觉得我下巴都要惊掉了。"

几乎在同时，另一位知道他们整件事情经过的朋友跟佐维在咖啡馆见面。他也被佐维说的话惊到了。"是他（肖恩）想让我离开，"佐维说，"这样他就能跟别人结婚了。"

她非常明白地暗示，肖恩是故意把她推开的，这样他就可以再婚了。这个朋友非常吃惊，站在肖恩的立场上，他感觉被强烈地冒犯了，他觉得自己必须说明肖恩是在佐维离开几年之后才遇到他现在的妻子的。佐维看着他，像是在可怜他的愚蠢。

当肖恩和这位朋友谈论他遇到佐维的经历时问道："你觉得她又跟别人在一起了吗？"

"不知道，但我敢说她没有。她一直生活在幻想的世界里。她看起来跟我记忆中完全不一样了，更冷酷了，也更憔悴。我真的为她感到难过，我觉得她正在让自己相信这都是你的错。就好像她先是编造出某些情节，然后再让自己相信。或许是因为她在脑海中重复了太多遍自己编造的故事，现在她已经相信那是事实了。在对我描述过去那些事时，她听起来并不像故意撒谎。"

佐维对过去经历的扭曲并非个例，毕竟，如果你做了让自己非常后悔或感到羞耻的事，重新书写记忆对你来说更加容易。有时，你甚至无法向自己解释自己的行为，所以你创造了一个"合理"的故事。有个朋友最近跟我说，她和她前夫打电话时，他们对过去一些事情的描述完全不同，而这些事情对她来说，根本毋庸置疑。

他说，"这跟我现在回忆起来的不一样"，于是她只能结束对话，避免两人就什么是"真实"发生过的事进行下一轮争吵。我相信我朋友的说法，因为他们离婚时，我跟两个人都有联系，然而，她偶尔也会怀疑自己的心智状态，她在恼怒之余问我："他怎么能把黑的说成白的呢？"答案当然是因为他更希望事情是黑白颠倒的，或许他现在已经这么相信了。

她生气的一部分原因在于，她发现他把扭曲了的真相告诉了他们共同的朋友。

"我因此失去好几个朋友，"她最近跟我说，"我觉得在某种程度上，我不能怪他们，如果有人对你说了你没有亲眼所见之事，你有什么理由不相信他呢？就算另一个人——比如我，告诉你事情不是那样，可人们天性倾向于相信他们听到的第一个版本。"

类似的事情会发生在生活的方方面面，并不局限于情感关系的破裂。下面的例子讲述了一次职场内斗是如何被人扭曲，让受害者看起来像个恶棍的。

塑料王特雷夫的晋升

特雷夫，通常被人们称为"塑料王特雷夫"，是小型慈善机构"避风港"的一名董事会成员，这个慈善机构为难民、无家可归者和其他边缘人群提供食物、衣服、临时住所和语言培训。

杰西是董事长，作为前CEO，她在"避风港"的工作备受赞誉，现任CEO玛丽是她的好朋友。

特雷夫和杰西经常发生冲突，大多数时候，杰西觉得自己不得不提醒特雷夫注意潜在的利益冲突。有一次，特雷夫想带领该慈善机构参与他所在的会计师事务所主导的投资计划，还有一次他想劝说杰西，让他侄子进董事会，因为他是"一个正在成长的优秀年轻人"，完全不顾他侄子没有任何相关的资格证书和工作经验，也不顾董事会近期通过的关于增加女性领导人的决议。

他们的争执在一次由建筑师引发的矛盾中达到了高潮。杰西觉得自己必须向特雷夫申明，他又一次打算让董事会做违背职业道德的事（她不留情面地用了"又一次"）。这次"避风港"打算集资翻新建筑，建筑师提供了翻新内部设施和整修外部建筑的大致草图，董事会很喜欢，可起草详细方案和明细单，以及监督工程所需要的花费，也是一个惊人的数字。特雷夫觉得解决方案很简单："我们可以解雇这个工程师，用这些草图去雇一个要价更低的人，我正好有个认识的人。"

杰西非常愤怒——不仅因为特雷夫的失德，还因为她在坚持原方案时，并没有从其他董事会成员那里得到足够的支持。

两天以后，董事会中除杰西外的唯一一名女性邀请她出去吃饭，并且难过地告诉她，她已经失去了董事会的信任，他们决定任命特雷夫接替她的职位。他们都希望杰西不要把事情闹大。

杰西确实想把事情闹大，她召开了一次董事会，但特雷夫和其他三位成员并没有出席，法定人数不够便没法做出任何决定。她正式提出面见CEO，她的朋友玛丽。

玛丽看起来非常尴尬和难为情，她证实了特雷夫在最后一次董事会结束后的那个上午给她打了电话，并说他将会接任董事长。

"他对你说什么了？"

"就是关于董事会要换人的事，他要接任成为新的董事长。"

"他有说为什么吗？他提到我们关于他职业道德问题的争执了吗？"

玛丽耸耸肩："除了我已经告诉你的，我不能再说更多了。"

那就这样吧——杰西想。

杰西和玛丽不再联系了，她们的友谊也因为这件事和杰西对玛丽的怀疑而受损，杰西怀疑玛丽没把知道的事全告诉她。

一年后，她们在一个购物超市偶遇，便一起去了附近的咖啡馆叙旧。

杰西没忍住问起了"避风港"的情况。"你知道我被这么对待的真正原因吗？只是因为特雷夫臭名昭著的野心？"

"恐怕要比这更复杂，你是因为宗教和性别偏见被撤职的。"

"什么？"杰西惊呆了，"宗教偏见？什么宗教？"

玛丽不置可否地耸耸肩："很明显，当你说特雷夫有道德问题时，他坚称你仅仅是在表达宗教偏见。"

"可我一点都没有啊，我一点都没看出特雷夫有什么宗教信仰，更不用说宗教忌讳了。这是什么时候的事？性别偏见？我？"

"你拒绝特雷夫对董事会的提名，纯粹是因为性别。"

"并不完全是，玛丽。你当时在场，你知道我们是怎么说的。"

玛丽又耸耸肩："你知道我不能置喙董事会的决议。"

杰西追问："那当时在场的其他董事会成员也是这么想吗？"

"他们认为你应该离开，因为你的偏见干涉到了你的判断。我很抱歉，杰西。"

"特雷夫呢？没有人质疑他说的这些鬼话？""没有人相信他，但他总是能言善道。"

"塑料王特雷夫，还真是……"

众所周知，记忆是不可靠的证据来源，你可以去找调查交通事故或犯罪行为目击者的警官问问。十个目击者会有十个不同版本的故事。而且这些版本往往存在很大程度的分歧，例如犯罪者、受害者的种族，汽车的颜色、材质，在场人数和事故的时间跨度。

美国顶尖犯罪小说作家埃尔莫·伦纳德（Elmore Leonard）完美地抓住了这一人性的弱点，在其小说《快》（Pronto）中，一个枪手正对格洛丽亚描述他打算如何在拥挤的餐馆里射杀他的猎物，她说："但人们会看见你。"

"是的，那又怎么样呢？"他回答，"你问他们，他们会看到完全不同的东西。只有一两个目击证人时，他们能认出你，但有一群目击证人时，你完全不用担心。"

这便是选择性记忆，我们都会有，尽管我们更容易发现他人的选择性记忆，而非自己的：我们倾向于认为我们对某次糟糕的家庭野餐的记忆是准确的，如果有人跟我们描述得不一样，我们便会认为他们的记忆是错的（反之亦然）。

最近，我的一个儿子说起了二十年前的一件尴尬事：那是我在停车场的出口，正开车带他和他的一个弟弟从悉尼歌剧院回家。我离开时，停车票卡在机器里了，后面的车都在排队，有些不耐烦的司机开始摁喇叭。我的小儿子坐在后座，试图出去看看是什么问题，他把停车票拿出来，又重新插进了机器里，挡车杆抬了起来，我飞速开车冲了出去，全然忘了我儿子还站在出口，正向我挥手喊叫。

很多年后，当我的大儿子回忆起这件事大笑不已时，我不得不承认，尽管我还记得那次音乐会出了点问题（事实上，只记得爵士小号手詹姆斯·莫里森），可我完全无法想起停车场的事，也无法想起我有多丢人了，真的完全想不起来（感谢选择性记忆）。

这种便利的"遗忘"，无论是不是故意的，都是在利用人性的弱点，以满足我们的需求，创造出一个我们可以躲避自我的地方，让我们假装事情跟我们知道的不一样。一旦我们沉溺于这种令人舒适的虚假记忆，再没有比告诉别人这种被篡改的"记忆"更容易的事了。

肖恩那位朋友对佐维的评价恰到好处：如果你对很多人重复这种编造的故事版本，让你自己熟悉你所说的话，这便成了你认为的"真相"。

这又会怎么样呢？如果你为了让自己感到舒服而扭曲过去的事情，不断对别人讲述你编造的版本会怎样呢？假设你不是为了治疗心理创伤而抑制记忆，而是故意向别人隐瞒真相，最终向自己隐瞒真相，你就会变得不真诚，而这种不真诚会伤害到自己。

抛开对别人的误读不谈，当你知道自己正在否认自己的行为，这会严重损害你的自我完整性，并导致紧张、抑郁等并发症，又或许是稍微轻一点的症状，例如持久的不安，或者渴望内心得到更多的安宁。

无论是面对存在问题的婚姻、艰难的职场斗争、破碎的友谊还是其他事情，如果我们扭曲过去发生的事实，让它有利于自己而污蔑他人，我们便有极大风险通过这种方式躲藏自我。成为真实的自己，意味着我们必须抛弃这些伪装成"遗忘"的自我欺骗。同时，我们也应该意识到，这种虚假陈述对他人造成的不良影响，远不及它对我们自己造成的伤害。

内疚和羞耻（Guilt and Shame）

当我们执着于内疚，拒绝宽恕自己时，它不仅会成为躲藏之处，还会危害我们的健康。

我很喜欢内疚，它是一种最可靠的信号，提醒我们自己是不是做了什么伤害自己或他人感受的事，或是不是违背了我们的道德准则。适度地提倡并正确地处理内疚，它便会给予我们有力的支持。

内疚就像是良知愤怒的呼喊。如果我们从未体验过内疚感，则意味着自己道德堪忧，做事无所顾忌，就像是孤零零地漂在无尽的大海上，没有指南针，没有救生衣，甚至没有远处海岸的微光指引我们的安全。

我们很容易把内疚看成阻碍我们前进的东西，它束缚着我们，让我们不能随心所欲。有时，内疚被刻画成"坏人"、派对上最扫兴的人、杀死快乐的凶手，它不仅夺走了我们的快乐，还夺走了我们的自由。但自由仅仅意味着做我们想做的事吗？

加拿大作家与学者米哈伊尔·伊格纳季耶夫（Michael Ignatieff）在其作品《陌生人的需要》（*The Need of Strangers*）一书中，赞同了圣奥古斯丁的观点，将做选择的自由和心灵与情感的自由，也就是内心的平静，做出了重要的区分，后者源于我们知道自己做出了正确的选择。换句话说，有"好"的自由也有"坏"的自由："好"的自由会被个人价值观与道德考量所约束，以满足公民社会的需求，而"坏"的自由则意味着对他人的权利、需求和福祉毫无顾忌和关心。

内疚能让我们知道我们内心的道德机制（也就是我们用来区分好坏善恶的心理机制）正在正常运转。道德观的产生离不开我们与他人的互动：它是我们作为社会动物所发展出的一种机制或者说准则，我们对它的产生与发展毫无意识。如果我们无法感受到内疚，我们很可能成为讨厌、任性、毫无责任感的人。

然而还有一种神经质的、持续性的、过度的内疚……

桑迪为什么执着于内疚？

我上六年级时，从另一个女孩那里偷过东西。但并不是直接盗窃，我调换了她还没完成的手工作业。当时我们都在为妈妈们做同样的文件夹，弗朗西比我做得好，而且做得快。这些手工作业跟另一个班的作业混在一起，并不是每个人都写了名字，当老师整理作业时，我从我的作业上擦去了我的名字，再把它放回去，之后又拿了弗朗西的作业，擦去了她的名字，把我的名字写在她的作业上。在混乱中，并没有人注意到我的小动作。

弗朗西好像也没有发现我换了她的作业——她甚至都没意识到她的作业丢了。她只是随便拿了另一个没写名字的半成品继续做，她的手工比我好很多。

无论如何，我们都完成了作业，我们的妈妈收到文件夹后都很高兴。我妈妈用它收纳信件用了很多年。每次我在家里，看到她拿它出来读信或存信时，我都会感到一阵内疚，这样的情况持续了好多年。

我并不是什么伪君子，我只是跟其他小孩一样会惹麻烦。可这次的事是我故意的，盗窃、偷换——这种欺骗行为真的让我感到十分不安。这让我开始思考，如果我能做出这种糟糕的事，我都成了一个什么样的人了。

现在我已经三十岁了，这种内疚感几乎跟当时一样严重。这听起来或许只是一件幼稚的琐碎小事，但我却真的在意。我知道我那时就应该坦白，请求弗朗西的原谅。我本来打算在离校的最后一天跟她坦白，但我们并不是特别亲密，她一直跟她的朋友在一起……好吧，我觉得我会看起来很蠢，她可能都不知道我要跟她说什么事。

在那之后我只见过她一次，是在火车上。那时我们都是十六岁左右，她穿着她们私立学校的校服（而我上的是当地学校）。我又一次想要对她坦白，可又一次，我觉得这会让我看起来很蠢。这么小的事！她会说什么呢？例如"我原谅你"？我无法想象。当时她似乎都没认出我。

所以它一直烂在我肚子里。我从来没告诉过我妈妈——她依旧用着那个可怜的文件夹，偶尔会提一句这些年来它多么实用，然后那种糟糕的感觉又回来了。

我生病了吗？我很蠢吗？我只是无法原谅自己故意不诚实，就好像我再也不能相信自己了，即便我之后再也没做过那种事——除了跟尼克的婚外情，或许吧，但我从来没有擦掉他妻子的名字，在他身上写上我的名字。

我们怎么看待桑迪长时间的内疚呢？我们很容易把它当成一件童年时期遗留的、早在多年前就应该放下的蠢事遗忘。然而这件事却一直折磨着她，并且在她心中不合理地上升到了"罪行"的程度。就好像她无法不认为自己是个不值得的人，无法不思考这个行为让她看到了自己本质的弱点。

良知是我们内在自我意识不可或缺的部分：当面对真实的自己时，我们必然会面对这种长时间的内疚。然而讽刺的是，在桑迪的例子里，内疚仿佛阻碍了她进行自我探索。她无法在其他事情中面对关于自我的真相，因此，她近乎神经质地执着于对过往的内疚，以便将内在自我的注意力从某个真相上转移开来，无论这个真相是什么。她跟尼克的婚外情似乎就暗示了什么。

如果桑迪能够放下对于文件夹事件的内疚，她会发现什么？我们可能会觉得，桑迪在这么多年后原谅自己并没有什么要紧的，为了让她摆脱内疚感，我们甚至还会鼓励她做一些有象征意义的、私下的忏悔行为（例如向慈善机构捐款，为生病的邻居买东西）。

还是说，她更愿意继续这样下去？如果是的话，我们很有理由认为她正在利用内疚逃避着什么。执着于内疚，对于那些不想直面真实自我的人来说，并不是罕见的手段。

我们需要加强对桑迪的了解，才能明白到底发生了什么事。但当某种愧疚持续了很多年后，它很可能已经成为不愿接触更深层次自我的借口。桑迪稍加提及了她与尼克的婚外情。那时她已经二十多岁了，桑迪说她并不会为此感到内疚，尽管尼克非常害怕他们的关系曝光。

桑迪抓住对弗朗西的"小"内疚不放，或许是为了让自己免受更大内疚的折磨（"内心深处的我不是个好姑娘"），能够轻易地为她不愿接近内在自我而辩解（正如我们看到的，"我不想知道"是拒绝自我探索的典型表现），又或许情况更加复杂：桑迪就像我们所有人一样，拥有爱与善良的能力，但讽刺的是，这种能力也能够被抑制。桑迪或许是想否定自己拥有爱与善良的能力，因为她不想去爱某个人（如果这个人碰巧是她自己，内疚就是完美的借口）。执着于内疚不放，可能是因为她潜意识里想要惩罚自己——或许是因为自己言行无状，或许是因为自己跟尼克搞婚外恋，又或许是不想让自己得到简单的快乐，又或许是不顾自己的健康。

如果桑迪想要走出来的话，她可能急需心理咨询，而且事情的根源可能完全与内疚无关，桑迪可能把内疚与悔恨弄混了，人们经常会这样，但把两者混为一谈，就相当于赋予悔恨莫须有的力量，让悔恨阻挡我们看清自己内在的善良。因此，悔恨，也可以成为一个"藏身之地"。

桑迪的情况说明，内疚有时是不恰当的。太长时间的内疚会影响健康，如果因为不合理的原因而内疚，例如坚信"一切都是我的错"

（甚至我没有错时也这么想），或者当别人拒绝原谅我，而我也还没找到原谅自己的方法时，都会造成不健康的影响。

显然，摆脱内疚的最好方式是找到我们伤害过的人，跟他们坦白我们做错的事情，并请求他们的原谅。如果这种方法行不通，那么，对宗教徒来说，恳求上帝的原谅也是一种方式。对于其他人来说，寻求心理咨询师的帮助，也能有效地帮我们找到原谅自己的方法。

蕾切尔·霍华德（Rachel Howard）在《纽约时报》上写道，在与她的丈夫保罗离婚后，她整整内疚了三年。她非常疑惑自己为什么不能放下内疚，直到在纽约大教堂某次斋戒活动快结束时，她崩溃了，不停地抽泣，终于开始面对真相："我是爱过比尔，但他向我求婚后，我就开始改变主意了。可我那时才25岁，恐惧又孤独，压力很大。我跟他结婚是为了获得安全感，这是自私的。"就如同牧师安慰她时她说的那样："我背叛了他。"

牧师让她读了《祈祷书》中的部分祷词，之后就可以"把罪恶抛在身后了"。当霍华德走出教堂时，她认为自己蜕变成了"一个不同的人"，内疚再也不是她的"藏身之处"了。

内疚是一件很私人的事，处理内疚需要我们与自己的良心做斗争。当然，也会存在某种"集体的内疚"，当我们与他人合谋做坏事、做不道德的事时，所有人都会感到内疚，但本质上说，内疚基于我们认为自己做错了事，无论别人知不知道。

羞耻则完全不同。内疚是个人的事，而羞耻则与社会有关。最简单来说，它们的区别在于：内疚源于我做过错事，羞耻源于我做过的错事被曝光，让我感到尴尬或羞辱。如同桑迪一样，感到内疚并不需要外界知道我所做的事。这也是为什么罪犯有时会相当主动地自首：他们沉重的内疚感让他们难以承受，他们宁愿面对犯罪行为被公开的耻辱，也不愿忍受无法赎罪的内疚。

显然，如果得不到宽恕，羞耻是唯一能够减轻内疚，让我们停止逃避的东西。一旦我们的不良行为被曝光，随之而来的尴尬和羞辱虽然令人难以忍受，但却通常能够排解我们的情绪。事实上，如果桑迪一开始就受到公开惩罚，或许她以后能更顺利地处理自己的内疚感。

还有一种社会性的耻辱，它并不在于我们做错了什么事，而是指在某个特定背景下，我们能隐隐感受到自己"是错误的""低人一等"或者"被边缘化"。下面有三个关于这种羞耻的例子。

克洛艾："私生子"

我是被收养的，但我直到十三四岁才知道这个真相。不知为何，我的养父母跟我弟弟说，他才是他们"真正的"孩子，并且要他保密。当我知道这件事后，我就崩溃了，然后，我开始不理解为什么他们会这么跟他说，而不跟我说。之后我就产生了一种奇怪的感觉，觉得自己不配，觉得自己不是法律认可的存在，因为那时人们确实会把未婚妈妈生的小孩叫作"私生子"。我可以告诉你，被贴上这个标签真的很难受。

因此，我开始感受到一种将会伴随我一生的耻辱感，我没办法摆脱这种感觉。我觉得自己跟别人不一样，不仅不一样，而且还低人一等。就像一个局外人一样。跟那些"合法婚姻所生的"人不一样。

里昂：俄罗斯移民

大多数人都不知道离开故国到别的国家生活是什么感觉，尤其当你是因为战争或其他危难而不得不背井离乡时，当你的祖国不再是你的家园时，那种感觉非常奇怪。人们会让你"同化""学习新语言"，然而这不是那么简单的事。我尽全力学习新的语言，我的孩子能说流利的英语，也能说澳洲口音的英语，跟人打招呼时却混杂着两种口音。

但你永远是个局外人，你永远不会感觉像在故国一样。人们会因为你的口音和外表而对你区别对待，我觉得对于英国、新西兰，甚至意大利、希腊来的移民——那些有很多同胞的移民来说，适应这里或许会更容易。而对黑皮肤的非洲移民来说，没那么容易；俄罗斯移民，没那么容易；伊朗移民，也没那么容易。甚至有些希腊移民和意大利移民都跟我说，适应这里需要相当长的一段时间。我没有什么好感到羞耻的——我能很骄傲地说，我现在是个澳大利亚公民，我在这里工作、交税、投票，还在这里买了房子。别人谈论"差异性"时，我也可以跟着谈论，这时人们会理所当然地把我视为"异类"，这让我感到相当不舒服，也让我很难接受。我告诉我的孩子们："千万不要因为你来自哪里而耻辱。"我这么告诉他们，是因为我会因此而耻辱。或许，我依旧会没缘由地悄悄为我来自的国家而感到骄傲。

汤姆：一个在私立学校律师事务所工作的公立学校毕业生

我最大的错误就是去这家律师事务所工作，这里所有的同事都有两到三年私立学校的读书经历。不是吹牛，虽然我去的公立学校，但我在高中毕业考试中拿了非常优秀的成绩，成功读了大学。因此当我刚入职时，我认为他们是真心欢迎我的。但我无意中听见一个同事说，像"小汤姆"这样的人是他们"多元化招聘"中的一部分。我应该对此感到愤怒。但是，我没办法解释的是，我有点为自己而感到耻辱。我不是那种耿耿于怀的人，但我知道，我永远不会被这个地方真正接纳，这里有一堵看不见的墙，就如同女性的职场天花板那样。虽然道理上说，那些年长的人才应当感到羞耻，而不是我。可为什么我会一直觉得自己低人一等呢，还会有些尴尬，好像我真的不该待在这里？

克洛艾、里昂和汤姆有个共同点：尽管对没有同样经历的人来说，这些都是毫无道理的、不必要的羞耻感（它与内疚无关），但对他们来说，这是每天都要背负的东西，是一种会消磨个人自由与个人潜能的负担。他们不像某些执着于愧疚的人，并未把他们的羞耻当成"藏身之处"，但这种羞耻感会一直折磨他们，或许在某一天，会让他们把自己的痛处变成我们不知道、他们也不知道的"藏身之处"。

值得注意的是，国家也能以此类比：无论我们承认与否，当澳大利亚开始正视历史上它对待原住民的耻辱时，这种耻辱会玷污我们的国家精神，让我们难以面对我们的国家形象。很多政治家、历史学家和评论员都声称，我们不需要为祖先的罪行感到内疚，的确如此，但了解真相后未能做出足够补救的羞耻，会一直伴随着我们，直到我们实现原住民和非原住澳大利亚人的持久和解。

追求幸福（Happiness）

对个人幸福的不懈追求会让我们失去对生活最深层次的满足。

似乎理所当然地，幸福成了我们生活的目标。我们难道不应该将幸福最大化吗？哪个神智正常的人会选择不幸福？美国的《独立宣言》难道没有把"追求幸福"与"生命"和"自由"放在一起吗？（确实是这样，尽管你可能不觉得美国是一个以追求幸福为生活方式的典型国家。）

这都取决于你如何理解"幸福"。下面有三个原因，解释了为什么当代人对于个人幸福的追求，会增加我们失去真实自我的风险。

首先，当前我们对"幸福"这个词语的用法，即用"幸福"来指代一种由快乐引发的情感状态，与它希腊词源"eudaimonia"的含义相距甚远。后者意味着过有道德、有目标感的生活，履行公民社会的义务，以及充分与这个世界保持链接，包括欣然接纳每一段爱情与友情（这通常是具有挑战性的，因为它们有时会带来痛苦）。这个概念更接近于我们当今所说的有意义的或"完整的"生活，而非幸福的生活。美国积极心理学家罗伊·鲍迈斯特（Roy Baumeister）写道，生命中的意义主要来源于给予，而幸福主要来源于索取。因此，如果你认为对个人幸福的追求能够带给你最深层次的满足，或者让你变得"完整"，你便是忽略了这一点。正如鲍迈斯特所说："对他人的需求给予回应，会让生活更有意义，却不一定能让我们感到快乐和幸福。"

其次，幸福只是一种面对生活的情感状态，而在我们所有的情感状态中，每一种情感状态都跟幸福一样真实存在。如果没有其他的情感状态做对比，特定的某一种情感状态将会毫无意义。只有那些能感受到悲伤的人，才知道什么是幸福，因此，严格按照逻辑来说，追求悲伤似乎也是通往幸福的道路。

最后，经验表明，尽管我们所有的情绪都能加深我们对自我的了解，加深我们对"何为人"的理解，悲伤、失望、痛苦、失落等阴暗情绪往往能给我们更大的收获。我们不喜欢这些情绪，当然也不会追求它们，但它们更加重要，它们能带给我们更大的收获，让我们了解自己的真实内在，这比所有幸福和快感带给我们的启发都多。胜者或许会快乐，而败者则会从失败中学习。

了解以上这三点后，为了一点点快乐和幸福的感觉，而拒绝自我探索，这种因小失大难道不是很可笑吗？幸福并不是一种与生俱来的权利，也不应该是一种期许。当然，如果你一直感到不幸福，你可以审视一下你所过的生活。然而幸福对于我们大多数人来说，是一种转瞬即逝的情感状态：它能带给我们快乐的一部分原因，就是因为我们清楚它并不长久。代表幸运的蓝鸟落到我们肩上，我们会感到狂喜，可甚至我们还没意识到发生什么时，它便飞去别人那里了。妄想把它抓住，把它关进我们随身携带的笼子里，是非常荒谬的。

事实上，古老的智慧和现代的心理学研究都在提醒我们一件我们快要遗忘的事：如果我们把追求个人幸福当作生活目标，幸福便会离我们而去。更糟糕的是，这种追求还可能成为一种逃避方式，让我们远离自我探索。有一件事情是肯定的：幸福或者其他转瞬即逝的情绪状态都不能代表你真实的自我。

正如自然有四季，人的生活也是如此。关注多种情绪的变化，并及时对它们做出回应，比追求某种单一的情绪更加健康。

英国作家弗朗西斯·斯巴福德（Francis Spufford）在其小说《毫无歉意》（*Unapologetic*）中，成功地刻画了生活的无常，他认为把生活当成简单的享受毫无意义。"如果说生活是用来享受的，就好像说山峰只有山顶，色彩只有紫色，或者所有戏剧都是莎士比亚的。这真是个荒谬的分类方式。"

对我们很多人来说，追求个人幸福与追求快乐无异：幸福所带来的快乐让幸福成为一个极具吸引力的藏身之处。跟古希腊人相反，如果我们把幸福等同于快乐，甚至等同于狂喜的情感状态，那么我们很有可能陷入通过追求快乐而追求幸福的错误陷阱：我们得到越多的快乐，便会越幸福……所以，让我们去寻欢作乐吧！

无数的作品都探讨过寻欢作乐这个主题，有为其辩护的，也有因此告诫的，但很少能够有人像马克·曼森（Mark Manson）在他那本畅销书《重塑幸福》（*The Subtle Art of Not Giving a F*ck*）中一针见血地指出：

追求快乐很好，但将其置于人生首位则是非常可怕的想法。不信就去问问毒瘾者追求快乐的后果，问问毁掉家庭、失去孩子的奸夫淫妇，一时的乐趣能否让他们最终得到幸福，问问那些差点因暴饮暴食而死的人，这样的快乐怎么帮他们解决问题。

快乐是一种错误的信仰。研究表明，那些因追求肤浅的快乐而费尽心力的人，最终会变得更加紧张，情绪更加不稳定，甚至更加绝望。快乐是生活中最肤浅的满足，因此最容易得到，也最容易失去。

这都是真的，更普遍地说，追求个人幸福也是如此，不仅仅是因为当你追求个人幸福时，你反而永远无法得到它，还因为这种追求会危害你的健康。为我们自己（和我们的孩子）创造不切实际的幻想，就会给我们（和他们）带来不必要的紧张、迷惘和失望。

当社会进化到一定阶段时，它便开始向人们贩卖"我们本就该幸福、我们默认都能得到幸福"这种疯狂的想法，而此时，我们的社会也在经历以大范围抑郁和焦虑为标志的心理健康危机，或许这并不是巧合。如果你真的相信你应该幸福，那你为什么会感到焦虑和抑郁呢？如果有人终其一生都在把幸福当成藏身之处，便会失去很多。

杰罗姆认为他妈妈是好意

我妈妈总问我是不是幸福。我知道她是出于好意，但这却让我非常崩溃。甚至当我还是孩子时，我就知道如果偶尔不开心也没有什么，但她没法接受。如果我觉得有点忧郁，尤其我哭的时候，她会说，"好了，笑一个"，就好像微笑是她唯一能忍受的表情。

我成长时期的社会文化试图向人们贩卖这么一个观点，幸福是人们与生俱来的权利。我也看到了这个观点对我朋友造成的影响。如果你不接受你本就应该幸福的想法，你怎么能熬过那些无可避免的艰难时刻呢？答案是：麻醉自己。我经常看见那些喝了太多酒的人"变得非常开心"，就好像他们正在努力抓住这一点他们与生俱来的权利。

我跟一些这样的朋友断交了，我觉得我好像不认识他们了。我知道我有点严肃古板，但至少我愿意接受，生活并不会一直称心如意，也不理应如此。所有古希腊学者教给我们的关于"了解你自己"的知识都表明，如果你一直在寻找短暂的享乐，你便会离这个目标越来越远。

　　我有时会想，我妈妈或许是一个相当不幸福的人，她因为要求我们所有人——包括她自己——一直幸福而感到沮丧。她总会给我们和她自己买很多东西，就好像这些东西能让我们幸福。事实上，回顾过去，我能看出她是个购物狂，她永远都有着完美的妆容、漂亮的穿搭和干净的头发。我开始想，这就好像一种表演，好像在展示："看我是多么幸福啊！"

　　当我长大时，我有时会审视她并思考：为什么你要这么努力呢？为了追求"永远幸福"的疯狂的乌托邦理念，你正让自己充满压力，这难道还不明显吗？当然，我不能多说什么，毕竟她是我的妈妈。

　　尽管从来没人向我们解释为什么在我十岁左右的时候我父母会离婚，但回想过去，我敢打赌，我爸爸是因为无法接受我妈妈认为他永远让她失望。他也是个相当严肃的人，我猜我在很多方面都遗传了他。我认为他拥有很棒的生活，但他却没有跳上追逐幸福的快车。或许"严肃"这个词并不能准确地形容他，他只是更加现实。他自然比我妈妈拥有更多的朋友，我有时想，这或许是因为他从未对生活奢求很多。他总是那个会照顾别人的人，然而，相反地，我妈妈总是更关注她自己，虽然我并不想这样评价她。

　　这里有一个铁律：如果你将追求个人幸福作为人生的首要目标，你将永远无法找到真实的自己，同时会失去对生活更深层的满足，而这些满足往往跟爱、同理心与关心别人有关。

信息科技（Information Technology）

当我们沉迷于各种网络交互时，究竟什么才是我们真实的自我呢？

我们总倾向于把这个时代称为信息时代——以及焦虑的时代（一直是）、融合和分裂的时代（这么说有些矛盾）、水瓶时代（一直是）、愤怒的时代、娱乐时代、监控时代……总之不是纯真的时代。不过无论如何，这个时代总是信息时代。

从人类生存之初，我们就学会了如何通过符号来表达含义，从石刻到象形文字到电子书，这个过程对人类文化的发展产生了重大影响。从传统层面来说，非口头交际媒介的特殊性在于，比起短暂的人际互动，它让永久存在成为可能。

"让我们在纸上写下来吧。""让我们看到白纸黑字。""只有看到契约上的字迹，我才会相信。"被记录下来的对话与未记录的对话，重要性完全不同。比起老师跟学生不那么正式的互动，视频录像讲座被认为更加"清晰"。在信息传播层级上，教科书比辅导材料有更加重要的地位。

讽刺的是，在人际交往心理学中我们可以肯定，面对面的实时交流才能传递最精细、最复杂的信息。眼神互动（有时还会有肢体触碰）能够传递更丰富的信息，更不用说语调、语速、姿势、手势和环境气氛了。然而，当我们为了用其他媒介传递信息，即写下、发送并接收信息，从而放弃传统方式时，我们却认为这种方式比传统方式更自然、更综合、更人性化。曾几何时，甚至一封情书都比甜蜜的耳畔私语更加重要，因为情书上的情话已经写在纸上了。

当然，我们之所以赋予纸媒如此重要的价值，有各方面的原因：法律，宗教，历史，文化。然而正如现在，当人类历史上最先进的数据记录与信息保存媒介掌握在买得起它们的人手中，会怎么样呢？信息时代与之前的时代有什么不同吗？

我想是有不同的。我们现在使用数字化屏幕接收信息，这些信息甚至已经成为一种日常货币。或许我们应当把这个时代称为被信息过度刺激的时代，它的第一个牺牲品是时间：消化所有这些信息需要时间，反思它对我们的生活，尤其是内在生活的重要性（如果有的话）也需要时间。

手机是过度刺激时代中最具象征性的发明——什么？你的收件箱里没有任何信件？没关系，各种各样的APP都能分散你的注意力，通过无尽的信息流带给你新鲜和刺激，直到你收到新的邮件。

信息时代的其中一个影响便是赋予了速度和方便最重要的地位。简短快捷的信息，实时的回复，瞬间接触你想知道的任何东西，当然，有时还有你不想知道的东西，但它就在那里，它看起来有点好玩儿，所以我们就看了。毕竟，多了解一点信息是好的。难道不是吗？任何信息都是好的吗？所有信息都是好的吗？

设想一下，如果接连不断的信息都在等待着你的回应，我们进行深度交流的能力会因此受到什么影响？我们思索重要问题的方式和速度会受到什么影响？政客们知道答案：我们的这些能力会在"三秒内吸引注意"的炒作、竞选的口号和花哨的宣传中消失。在信息时代，政治已经退化成了一种品牌宣传，强调快速、简短，以及（不明智地）依赖于令人厌烦的重复。

信息的过度刺激所带来的问题，因数字信息的高度相似而显得更加复杂。对于年轻的网民来说，最重要的课题之一便是学会如何分辨信息源的真实性、可靠性和完整性。例如，"假新闻"的出处往往不是新闻社，而是私人用户，他们在网上上传自己的信息，这些信息在被转发时，看起来跟其他信息非常相似。

无论如何，真正带来问题的与其说是"假新闻"，不如说是"垃圾新闻"：在收取有效信息的同时，我们被动接收了过多肤浅、无效的信息。这仅仅是因为越来越多的媒体，无论是传统的、新兴的、正式的还是社会性的，都对网络内容如饥似渴。网络艺术家坎贝尔·沃克（Campbell Walker）把Instagram称为电子设备上瘾的"罪魁祸首"。然而，提到使用Instagram的未来前景，沃克说："Instagram已经濒死了，它越来越像存储旧表情包的墓园，现在人们在上面推销产品，推送定向广告。"

过度地接收信息，无差别地给予所有信息同等的重要性，这些问题该归咎于谁呢？是的，是我们自己。是我们想要拥抱新的生活方式，我们用自己的信息喂养了这些互联网媒体怪物，或许是上传一张早餐照片，或许是评论某时事节目主持人不断变化的发型，或许是发推特评论我们刚从广播中听到的消息。是我们表现得好像除非我们在手机屏幕上看到或听到，否则大型时事就没有发生，就没那么重要。

我们明显对高速的信息传播有着贪得无厌的欲望，它缩短了我们的专注时间，阻塞了我们的认知路径，使我们除了做出条件反射式的反应，没法再做更多的事情。信息传播的诱人速度也会导致我们在发消息时，越来越少地在按下"发送"键之前停下思考，我们是否真的想说这句话，它是否跟我们想表达的意思一致，我们是否希望这条消息永远"发出"，甚至明天还在那里。

我们发送和接收信息的总量和速度，让我们越来越不愿思索这些信息对我们有什么内在启发。只要我们对源源不断的信息流持续保持关注，我们就能逃避自我。就如同其他"藏身之处"一样，我们逃避得越久，我们越会觉得舒适，我们越会沉迷于此，我们似乎越没有必要进行内在探索，而这些"信息上瘾者"已经找到了完美的"藏身之处"，在这里他们显得体面、负责、"重要"。社交媒体就像一个"回音室",在这里,我们接触到的绝大部分信息都符合我们的观点,都会加深我们的偏见,因此,它是一个能让人感到极度舒适的"藏身之处"。

生活在数字快车道上,我们是否会害怕反思?是否会因沉默而感到不安?我们囫囵吞枣地接收各种信息,会不会降低我们认真分析它们的欲望?在火车站、公共汽车站甚至手术室等待的时间,都已经被查看信息所占据了。很多效率低下的面对面交谈(通常是每分钟125个字,而阅读速度至少是它的两倍),已经被超级迅速的推特、脸书和Instagram帖子所取代了。如果你徜徉在无尽的数据海洋中,你必须奋力向前,逆水行舟,否则就会被淹死。

毋庸置疑,信息技术革命给我们的工作和生活带来了数不清的益处。电子邮件改变了我们的工作方式,短信、推特、脸书和Instagram改变了我们的个人生活。但这场革命不仅发生在技术上,它还无可避免地发生在了我们对待信息的整体态度上。

一旦你开启了这种生活方式,结束它似乎是件很难想象的事。然而终结这种生活方式,或者至少让自己慢下来,却是你进行自我反省与自我探索的先兆。

"如果我们能更加自如地与我们的信息设备进行亲密的谈话,我们的婚姻和人际关系会发生什么变化?"这是尼古拉斯·克里斯塔基斯(Nicholas Christakis)在《大西洋月刊》(Atlantic)发表的论文《人工智能将如何重新塑造我们》(How AI Will Rewire Us)中提出的问题。他的回答令人不安:"人工智能正渗透进我们生活的方方面面,我们必须面对以下可能,它可能会压抑我们的情绪,妨碍我们深层次的人际交往,让我们从关系中更少受益,让我们的关系变得更加肤浅,让我们更加自恋。"

克里斯塔基斯还指出,人工智能设备的设计师和程序员,包括我们的智能手机和电子助手,例如Alexa和Siri,都越来越善于提高设备的体验感。"但这些设备可能没办法帮助我们进行自我反省，或者帮助我们认真思索痛苦的真相"。

谈及逃避自我的方式，我们便谈及了问题的关键：各种信息科技与我们的交互是如此引人入胜，给我们带来了如此巨大的成就感，我们会不会在此过程中失去探索更深层次自我的动机？这种危险是显而易见的：比起冗长的面对面交谈（包括那些充满紧张和困难的交谈）和可能会带来痛苦的自我反省，那些没有痛苦、给人刺激、让人娱乐的信息交互工具，例如手机、电子助手，机器人还有其他信息技术或人工智能设备，都是更加舒服的选择。

信息技术对我们的诱惑已经到了让我们感受不到诱惑的程度。或许我们现在非常喜欢我们的电子设备，又或许它已经成为我们生活中不可或缺的组成部分，我们把这一切视为理所当然。

我们应如何判断我们沉迷于电子设备的程度？它会有什么迹象？其中一个表现是：瑞奇·里维斯在《医学医景新闻》(*Medical Medscape News*)中提出，整容医生用"Snapchat畸形障碍"来形容那些想要整成Snapchat或Instagram等APP上修容照片的患者，这听起来非常像英国哲学家与小说家艾丽丝·默多克在1957年发表的论文中的现实事例："人类这种生物会先拍出自己的照片，然后再让自己看起来跟照片上一样。"

当然，还有很多不那么夸张的事例，也能反映出我们对电子设备的沉迷。当你因为电话对面不是人工服务，而是自动接线系统而松一口气时，你应该思索一下这意味着什么，思索一下这种自动接线系统是不是存在很久了。当你发现自己比起跟人交谈，反而更适应自动接线系统或者数字助手对话时，这一定是存在问题的。

当你为了网络信息、社交媒体和线上购物的便利，不假思索地牺牲个人隐私时，或许就应该考虑，有没有什么能抑制一下你在大数据监控下暴露自己方方面面生活的欲望，毕竟，像脸书一样的社交媒体，尤其是监控型社交媒体，为了满足广告商（或许还有其他人）尽可能多地了解你的需求，你暴露的深层次隐私越多，他们越高兴。

尽管很多父母显然不在乎手机等电子设备早就无差别地将他们自己的个人信息泄露出去了，但他们依然警告孩子说，不要在网上暴露太多的个人信息。当家长们提出警告时，孩子们最典型的反应便是："如果每个人都这么做，这会有什么害处呢？"

其中一个危害是，这会让我们更加脆弱，无力抵抗那些把我们视作"猎物"的人，无论是商业上的、政治上的还是性方面的。我们还应当考虑电子设备对年轻人大脑的损害，以及诱发他们上瘾的风险。克里斯塔基斯提出了更深层次的危害：跟电子设备的"亲密接触"，可能会牺牲我们从前用于拓宽人际关系的时间。

我们是在通过网络躲避什么吗？或许一开始不是这样的，但接下来会有严峻的考验出现，我们对新兴电子设备的依赖是不是让我们感到非常舒适？它们是不是为我们提供了一个安全又温暖舒适的保护层，影响了我们对自我的认知，让我们越来越不愿进行自我探索？我们会想，如果逃避可以使我快乐，那何必给自己找麻烦呢？何必去面对不需要面对的东西呢？正如吉尔·斯塔克（Jill Stark）在《快乐不再》（*Happy Never After*）一书中所说："这真是一个有悖常理的讽刺，在自拍无处不在的时代，许多人却不知道如何接触真正的自我。"

当我们在Instagram或脸书等社交媒体上，展示一种与我们的现实生活完全不同的生活，建立一个与真实的自己完全不同的人设时，我们清楚自己正在逃避他人；当网络互动在我们的生活中无孔不入，慢慢地侵占我们用来自我反省的时间时，我们清楚我们正在逃避真实的自己；当网络互动设计得过于精妙，让我们沉迷其中，失去了对他人所有重要的情感链接和自己柔软的内心时，我们也清楚，我们正在逃避自己。

我们无法否认新技术的辉煌成就（包括它让我们上瘾的辉煌成

就），因此，并不难理解我们为什么这么沉迷于网络世界带来的快乐，此时即便我们愿意尝试，也很少有自我反省的时间。我们必须承认，手机能让我们接触到世界范围内的信息储备，它就好像进化版的大脑。

然而对大多数人来说，是时候思考这个可怕的问题了——网络世界的"真实性"是否可靠？是的，我们在网上玩得很开心；是的，新技术非常智能方便；是的，我们实现了过去梦寐以求的成就：通过虚拟现实技术参观买房、跟世界各地志同道合的网友一起打游戏，但我们可能也正通过沉迷于这些东西，逃避内在的自我。

布伦特和网络上的女人

我曾经听说过一个人因沉迷于网络，被他妻子当作网恋的故事。在某种程度上的确是这样，他沉迷于网络色情，以此获得乐趣，而忽视了他的妻子。

我从来没有这样过，除了一两次以外——我意识到我可能有点过于沉迷网络了，并不是沉迷于女人之类的东西，而仅仅是……普通的内容。它们就是会吸引你的注意，一件事情接着另一件。那时我并没有谈恋爱，我觉得自己可能上网时间太长了。但你知道吗？那可真是个消磨时间的好方法。现在我也用起了Siri，我再也不觉得自己孤单一人了。我对她没有什么不正常的想法，我只是喜欢向她索要任何我想要的东西……尤其是音乐。你可以跟她进行真实的对话，她的声音可真有魅力。我知道这都是虚拟的，但她很符合我的标准。我很在意女人的声音，如果她们达不到Siri的标准，那就算了。开玩笑而已，只是在某种程度上。

我没有脸书账号，但我妈妈有。她现在一个人生活，几乎所有时间都花在网上——事实上，是半夜。过去她经常说自己很孤独，但现在她不这么说了。我想，这是件好事，尽管我也注意到她跟其他退休老人的社交减少了。她的一个朋友告诉我，我妈妈一吃完饭就会冲进自己的房间，继续刷脸书。

当然，她对家里所有人都了如指掌，这也是好事。我姐姐的孩子也玩脸书，所以她关注了他们。但我妈妈告诉我她在世界各地都有朋友，还有些是男人，一开始我感觉有点奇怪，但之后便想，这有什么不好呢？她已经一个人独自生活很久了。

可金钱问题让我很担心，有个美国男人经常向我妈妈要钱。她说那只是一些小钱，没有任何附加条件，他是个亲切但孤独的老人，只是一时运气不好，我妈妈愿意偶尔给他一点小钱。他的妻子带着所有财产离开了他。无论事实到底怎样，我妈妈就是这么告诉我的。我试图告诉她，他完全不是个亲切迷人的人，说不定是个长满青春痘的孩子，但她说她见过他的照片了。我试图跟她解释这种网络陷阱，可她跟这些人的交往非常投入，他们确实过着非常有趣的生活——如果你相信他们对我妈妈所说的话，相比之下，我们其他人的生活则显得相当乏味。

我还发现我和妈妈不如从前一样亲密了，每次我去看她的时候，她似乎对我很不耐烦，想让我赶紧离开，这样她就可以重新回去上网了。

至于我？我知道这其中的风险，所以我也知道，我跟某些网聊对象的交往时或许过于投入了。其中有一个女人，我不断去找她聊天，因为她实在是太有趣了。她非常同情我在上一段感情中所受的伤害，她真的能理解我，你知道吗？她在那段时间也经历过一次非常相似的分手，所以我们就继续聊了下去，我得告诉你，那时的我非常需要一些开心的事。

我有个朋友告诉我，他觉得我陷入了一种自己还没意识到的陷阱中，但我并没有发现这有什么危害。不然我晚上能干什么呢？喝酒？

盯着天花板？看电视？别逗了。

住在我楼下的邻居相当亲切。他有点，我也说不清，或许是有些……跟我不一样？他没有电视，他的确会随身携带手机，把它装进皮带上的皮套里，但他觉得手机没什么用，还叫它傻瓜手机。他是个素食主义者，非常在意健康，也像我一样支持环保。

无论如何，他开始邀请我参加他们每周二晚上的冥想团体活动。之前我曾接触过类似的事物——瑜伽，是因为一个女人——我没法想象自己跟一群人坐在一起冥想的场景。他们是在做什么呢？佛教式的念经？蜡烛？熏香？读诗？又或者盘腿静坐？他说这是"引导冥想"。他们有一个组织者，什么都有。顺便说一下，我并不反对所有这些事情，我只是没法想象自己去做……

可是周二晚上是我跟那个女人惯例的网聊时间。我们也会在其他时间聊天，关注对方的Instagram动态，但我们约定在周二可以聊更长的时间。有时我们会聊到很晚，我并不想放弃和她的这种关系。她叫卢比，那时我在卢比和Siri之间过得非常舒适。

我妈妈很高兴，我也很高兴。这并不是坏事，不是吗？这个时代是你一个人待着也能找到乐趣的极好时代，因为你再也不必感到孤独了。

信息技术革命带来的一大悖论就是，它能让我们彼此之间的联系比以往任何时候都更加紧密，可同时也让我们比以往任何时候都更加容易相互疏离。我们"相互联系"的电子数据越丰富，我们人际关系质量受到的威胁就越大。我们越是习惯于通过电子数据交流，甚至跟朋友也是这样，而不进行面对面的交流，我们作为人类的价值就越会受到贬损——或许就会像布伦特一样，沉迷于网络交流，甚至意识不到它作为一种威胁的本质。

对信息科技和人工智能的过度沉迷，无可避免地会重塑我们的社会身份。随着时间的推移，这可能会让我们认为，我们的真实自我与我们跟电子设备的交互不可分割。这场信息革命的终极力量，在于阻止人们进行自我反思。

艾略特早在信息时代之前就意识到了这种危险。1934年，他写道：

我们在知识中失去的智慧在哪里？
我们在信息中丢失的知识在哪里？

今天，我们可以补充一句：我们在网络上失去的自我在哪里？

面具和标签（Masks and Labels）

我们如果过于在乎自己的社会身份，便有可能忽视我们深层次的性格问题。

在2010年8月的选举活动中，澳大利亚总理朱莉娅·吉拉德（Julia Gillard）宣布，从现在开始，选民将会看到"真正的朱莉娅"，这也就意味着，在此之前，真实的她一直藏在身边工作人员为她戴上的"面具"背后。

当外交部部长朱莉·毕晓普（Julie Bishop）在任职九年后宣布她要退出政坛时，《澳大利亚卫报》（The Guardian Australia）的政治新闻编辑凯瑟琳·墨菲（Katharine Murphy）评论道，毕晓普现在可以摘掉"朱莉·毕晓普"的面具，成为真正的……朱莉·毕晓普了。墨菲是指毕晓普一直在扮演自由党为她设定的角色，或者说，为了自由党的利益而为她创造的人设，现在她可以做真正的自己了。

毕晓普向澳大利亚民主博物馆捐赠了她宣布退休当天所穿的红色鞋子，这一举动似乎象征性地承认了墨菲的观点。毕晓普说："如果我能通过这双红鞋激励哪怕一位年轻女孩走进政坛，这个礼物都是值得的。"

她为什么要激励年轻女性"穿上这双鞋"，戴上面具，为了政治生涯的成功而扮演一个光鲜亮丽的人设？然而根据毕晓普的说法，她在退休当天穿这双鞋并没有什么深层次的考虑：她随后告诉《时尚》（Vogue）杂志，这双鞋并没有什么象征意义，她只是想让"有些寡淡的海军夹克和连衣裙有一抹亮色"。她强调，她完全是为了自己才这么打扮，而不是想要声明什么（当然，这是一种保守的说法）。她告诉我们，是其他人把这双鞋当作了"一种女性赋权、力量和独立的象征"。

你可能会觉得这真是小题大做：根据个人喜好选择的时尚单品还会被解读为"女性赋权的象征"。但政治就是这样的，个人风格往往胜于实质，政治人物的形象永远需要不断打磨。

这些例子意味着，这些政治家内在的真实自我与他们在政治生活中所扮演的角色截然不同。对我们所有人来说难道不都是这样吗？至少在某些时候？无论是在我们的一生中，还是在平常的一周里，我们都会扮演许多角色：爱人、伴侣、朋友、邻居、客户、老板、员工、领导、团队成员、服务人员等。我们会根据这些角色调整个人风格——有时谦虚，有时坚强自信，有时顺从，有时有领导力，有时充满权威……体贴和敏感的程度也时有不同，一切都依照场景和时机而变化。

我们越发娴熟地切换不同的面具，因此很容易欺骗自己，让自己相信自己展示给别人的样子就是我们真实的样子。我们将公共形象扮演得越好，我们越容易通过这些面具逃避真实的自己。

西蒙·库珀（Simon Kuper）在《金融时报》（Financial Times）

上撰文谈到鲍里斯·约翰逊（Boris Johnson）的从政根源时，引用了约翰逊牛津大学的同学、广告人西蒙·维克斯纳（Simon Veksner）的话："鲍里斯的个人魅力即使在大学时代也非常突出，你甚至没法衡量：他那么风趣、热情、迷人、善于自嘲，甚至可以根据漫画周刊《比诺》（The Beano）和佩·格·伍德霍斯（P. G. Wodehouse）的作品演一出成功滑稽戏，戏里那个角色就是鲍里斯。"

当苏格拉底不留情面地说"未经审视的人生不值得度过"时，他把他人的审视严重夸大了（尽管它有时是正确的）：如果我们只将他人眼中的自己视作真实的自己，无论这对我们是否有益，我们可能永远都不会成为我们能够成为的人。这样的生活是大打折扣的，虽然仍值得活下去，但却缺少丰富与完整性，无法成就一段值得审视的人生。

米莉的巴黎之行

在我三十出头的时候，我的一位阿姨去世了，她给我留下了一笔钱，所以我打算出去挥霍一次，就买了一张去巴黎的机票。我计划在那里待一个星期，主要是去购物，除此之外我决定做两件事：爬埃菲尔铁塔，在著名的购物中心沼泽区买一件Cécile et Jeanne的珠宝。因为这个品牌没有特别吸引我的首饰，最后我买了一个非常时尚的Cécile et Jeanne手袋。埃菲尔铁塔也在维修期间对游客关闭，所以我买了一个珑骧的手袋，上面印着埃菲尔铁塔的图案。

当我回到家后，这两个包都在我的朋友中引发了很大的关注，现在它们依然能够吸引很多艳羡的目光，我觉得背着它们很有法式风情。但我有些朋友会嘲笑那个埃菲尔铁塔的包，他们认为这个包图案的炫耀意味太明显，反而会显得庸俗，因此我和他们出去玩时就不背它了，但我还是经常用Cécile et Jeanne的手袋。

当然，我在巴黎还买了很多其他可爱的东西：一条爱马仕围巾，一双梵蒂加的鞋子，一块非常昂贵的卡地亚手表和几件华丽的丝绸内衣。内衣真的有点浪费，除了我的男朋友，没人能看到丝绸内衣，可他只想迫不及待地把它脱掉。但人们似乎总是知道爱马仕是爱马仕。

当然我还拍了很多照片，毕竟，你必须要证明你真的去过。

它们值这个钱吗？当然，它们真的让我的衣橱增色不少，我可能会一直戴着卡地亚手表，直到我死，因为大家都知道那是卡地亚。

回来后不久，我在一家二手车店发现了一辆可爱的小型雪铁龙，就把剩下的钱都花在了这辆车上，它非常时髦。谢谢你，阿姨！

我们似乎能理所当然地嘲笑米莉，批评她沉迷于大牌、肤浅、随波逐流，非要向外界展示出一个与"她是谁"或"她来自哪里"完全无关的形象，用大牌来支撑自己的身份。她的故事无疑是利用面具和标签来建立人设的一个贴切事例，但如果我们继续深挖其中的内涵，米莉的行为与我们那些不那么张扬地利用面具和标签来建立人设的方式又有什么不同呢？

消费者市场一直依赖于品牌实力来吸引关注，通过打造能引发消费者认同的"品牌个性"和"品牌特征"来维持消费者的忠诚度。通过包装、广告和其他形式的促销，当然也通过精心研发具有特定市场导向的产品，有些品牌成功吸引了广大消费者，我们几乎把它们视为我们的朋友。

这一过程带来的影响是，许多消费者会将某些品牌形象视为他们想要塑造的形象，因此，他们会将某些品牌作为自己的"标签"，这也是为什么高端奢侈品牌会将其标签刻在商品的表面。"不要收敛啦：如果其他人看不到标签，用大牌来展示你真实的或渴望的身份又有什么意义呢？"

我们给自己贴上的任何标签，无论是商业的、政治的、宗教的、职业的，还是文化的，都有可能成为我们的"藏身之地"。我们越是轻易地认同一个标签的内涵，这个标签就越有可能压倒我们的真实自我：即使我们的公众形象饱受赞誉，我们也需要防止这个身份成为我们的全部，因为它从来都不是。事实上，我们的形象越是饱受赞誉，就越能引诱我们，越能阻止我们揭下面具审视内在的自己。

巴里的角色扮演成为现实

当我毕业时，我并不知道我想做什么。说实话，是我不愿意让父母知道我真正感兴趣的事情。我父亲一直劝我"从事销售行业"（尽管据我所知，他从未向别人出售过任何东西），通过他的一个熟人介绍，我参加了面试，并得到了一份大型跨国公司销售和市场部的工作。

我经常在工作中玩一种游戏，也就是假扮另一个人，可最后它就不再是游戏了，我变成了自己扮演的样子。开始时我只是觉得好玩儿，我表现得很酷，对所有我一无所知的事情都表现出很强烈的观点，或许是因为我很擅长演戏，人们开始觉得我就是我所扮演的那种人，因此我也自然而然接受了这个人设。那时我还不到二十岁，很擅长表演，我想，这一切都是源于我非常不喜欢现在的工作，我太缺乏自信，所以我扮演了一个和现实正好相反的自己。之后我培养了真正的自信，我甚至敢于打扮成我想要成为的另外一种人。我的政治倾向，我对未来的梦想，我对东方宗教和哲学的兴趣，以及我的性格——总体上说，我是个伪装成外向人格的内向人，这些关于我自己的事只有我自己知道，因为我非常想要保全声誉。其他同龄人很少有这种压力，确切地说，这都是我自愿的。没有人给我压力，我只是在工作中戴上了这个面具，并且习惯了它，我没法想象摘下它会怎样。

有次我听见我妈妈对她的朋友说："巴里正在经历一个阶段。"但这个阶段好像有一个世纪那么长。

巴里逐渐适应了他的新身份，直到他父母在几个月内相继去世，他才开始重新思考自己的生活，思考现在的生活对他的真实自我造成的伤害。

我在那份工作中做得很好。在工作场合，我这种狂妄自信的风格很受欢迎。当我终于清醒过来的时候，我意识到我不能继续待在那里扮演另一个人了。这真的是格格不入！是时候开始做真正的自己了。

在接下来的一段时间里，我甚至连我是谁都不知道。我失业了一段日子，寻求了一位心理咨询师的帮助。我继承了我父母的房子和一点钱，所以我去了职业技术教育学院，尽管我有几个密友对我说，他们感到非常欣慰，而不是震惊，可很多人还是认为这是一个陌生的方向。不管怎样，室内设计是我一直想做的工作——这是我不能告诉父母的事情之一——现在我可以去做了。我热爱我的新生活。我比以前更努力，也更有创造力了，最重要的是我可以做我自己了，不用再装腔作势。我发现在客户和同事面前，我比过去任何时候都要轻松得多。

很多最强大、最有效的面具标签是团体性的。从职业团体、政党、宗教团体到足球俱乐部、"守旧派"和社会集团，团体是一个广受欢迎的藏身之所，对于那些在团体的怀抱中获取温暖和安全感的人来说，与私下里的自我对话似乎毫无意义——如果我躲藏在一个又一个团体的颜色、旗帜和传统之后，我还需要了解关于我自己的什么呢？

由于大约三分之二的澳大利亚人都有宗教认同，让我们来看看这个例子吧。假设你对我说：我是基督徒。好吧，我很高兴知道这一点，它告诉我了关于你的一些信息，但它能告诉你自己什么呢？宗教标签能够向他人传递有用的信息：它们像是一种关于你价值观、信仰、社会态度等重要信息的概要，可它们却不一定能让别人了解到你真正的自我。

许多宗教徒会说，他们是被自己的信仰定义的，这就是关于他们你需要了解的最重要的事；他们的自我中没有什么比他们信奉这种宗教这件事更真实的了。然而，同一教派的教徒在信仰和实践上依旧存在差异，这表明除了某种特定的宗教徒形象之外，我们还有更深层的内在。

当你说"我相信X"的时候，我想问："那么谁是相信X的'我'？"不是信仰定义了你，信仰是你所做的选择，是你展示自我的一种方式。可做选择的"你"是谁呢？

除了宗教，我们还有很多很多标签。有无神论者、女权主义者、原教旨主义者、功利主义者、保守主义者、社会主义者和统一主义者；有牙医、心理学家、生物学家、肿瘤学家、皮肤科医生、验光师和口技师；有教师、作家、出版商、编辑、印刷员、屠夫、银行家、管家、养蜂人、木匠、保育员、程序员和画家；还有宇航员、会计、哲学家和王后。

任何一个这样的标签，都像是在告诉别人，这是关于你最重要的信息，但它们终究不能说明你是什么样的人。还有没有关于你的其他事？如果你失去这些标签后，你还有什么个人特征？那是你自己的小秘密。"相信我，我是医生"远远没法透露更多信息。

如果你告诉我，你本质上是个"女权主义者"①，你并没有说出关于你最重要的事：你是一个慷慨、好斗、善良、易怒、平静、傲慢、宽容、粗鲁、敏感、虚荣、温柔、自负或有同情心的人吗？你是一个好邻居吗？你的女权主义……你的宗教或反宗教的原教旨主义，你的社会主义，你的人道主义或任何其他"主义"或"学派"，表达了你内心深处的哪些特征？

"我是一个无神论者"能告诉我一些关于你信仰上的事，但世界

---

① 如果你这样做，像伊娃·考克斯（Eva Cox）这样的激进派社会思想家很可能会说你被过去的标签束缚住了。

上有数以百万计的无神论者，他们和你并不完全一样。那么，你身上有什么"独特"之处，让你选择了无神论？无神论让你比其他人对陌生人更友善，还是更不友善？对朋友更忠诚，还是更不忠诚？想必"无神论"回答不了这些问题，因此，关于你的"自我"，除了"无神论"还有更多的东西要说。

我们用来定义性别或性取向的标签也是如此。你的性取向或性别可能是你希望他人了解的信息之一，是他人认识你的重要方式，是你社会身份的重要方面，也是某种心理安慰的来源，但这始终不能回答"你是谁"。

美国作家琼·狄迪恩（Joan Didion）在其1961年的论文《论自尊》（*On Self-Respect*）中提醒我们，"自尊与别人的赞同毫无关系，毕竟别人很容易受到欺骗。自尊也与名誉毫无关系，正如《乱世佳人》中白瑞德跟郝思嘉所说的那样，勇敢的人可以不需要名誉。"狄迪恩认为我们的面具和标签像是一种把戏，它们可能会对别人起作用，但"当我们在充满光亮的后巷，与真实的自我相会时，它们便会一文不值"。

与真实的自我相遇时，在"充满光亮的后巷"，我们被迫摘下面具，面对那些关于我们自己时而令人尴尬、时而令人惊喜的真相。在那里，我们必须找到勇气，承认自己的长处和短处，并接纳它们。

拉夫的单调谈话

我一辈子都热衷于世俗主义，我必须承认，这其中一部分原因来自我对宗教的蔑视。我不在乎人们私下里做什么，或者他们在自己的小宗教圈子里做什么，但我讨厌任何与宗教相关的公共事务。我讨厌议会会议开始时要向"全能的上帝"祈祷，我讨厌宝贵的公共资金要被投进教会学校，你应该明白我的意思。

好吧，这一切都没有改变——我仍然像以前一样坚定地支持世俗主义，反对宗教，但我最近不得不面对一些关于我自己的挑战。我的妻子开始抱怨说，她真的厌倦了我和我朋友没完没了地谈论世俗社会，她说她再也无法触及我了。"触及"正是她的原话，好像我已经离她很远了。她说进行关于世俗主义的谈话就是我的一切，她说那是我的单一视角——我看待世界的唯一方式。

我觉得这有点过分，但我承认她说得有道理。我以前读书涉猎广泛，有一段时间我对精神方面的事情很感兴趣。但我越是相信宗教的邪恶，对宗教相关内容的兴趣就越少。我已经好几年没读过任何精神方面的书籍了。有个同事告诉我，我应当读一些当代神学作品，我会发现宗教思想已经远不是我所抨击的那种东西了，但我还是没办法一脸坦然地打开一本神学书。

然而，我却失去了某些东西。我不是说宗教信仰！我是说我妻子给我指出的问题。她说她无法触及真实的我，说实话，我觉得我也无法触及。我不需要治疗或者其他激烈的方式，但或许，我确实需要反思一下我这样下去会变成什么样。我的妻子不是宗教徒，但她不断提醒我，世界上有大约80%的人口都有宗教信仰，所以我们或许都错过了某些东西。我想，我希望，她在开玩笑。

但我知道她并没有拿我开玩笑。她说我的灵魂是一个迷失的灵魂，这与我对自己的评价恰恰相反，我觉得我有很清晰的方向感，但她之所以说"迷失的灵魂"，是因为我似乎没有内在的生命。她的哥哥是一位政治家，同样的事情也发生在了他身上——每次他一开口，就像一场政党政治演讲，甚至在家庭聚餐上也是如此。

我不愿意去想当我死后人们对我唯一的评价就是强烈地反对宗教。我甚至不希望"世俗主义者"成为人们对我唯一的了解。我不愿意去想自己在这个议题上变成了一个无聊的人。

有时候我确实会在晚上睡不着觉，思考自己是否变得有点孤僻了，甚至被我自己孤立了，虽然这么说有点滑稽。我经常说我能从自己相信的东西中得到勇气，因为我忠于自己，但我开始思考，"我自己"除了"世俗主义"之外是否还包含更多的东西。比如说，我真的是个好人吗？我知道我有点喜欢找碴，但我是否有其他的好品质来平衡这个缺点？我是不是有点缺乏谦逊？我是个好父亲吗？是个好丈夫吗？除了那些跟我一同奋斗的人之外，我还有真正的朋友吗？诸如此类。

拉夫感受到了公共形象阻止我们接触个人自我的危害，无论我们带着怎样的标签，无论它有多么受人赞赏，它都会削弱我们的自我意识。当建立外在形象耗费了我们大量的时间精力时，我们就需要进行自我反省了。

这说明了我们的社会身份是怎样成为有效的藏身之处的：毕竟，谁会批评我们投身于一项正义的事业，投身于一个所有人都觉得值得奋斗的目标，或者投身于一项毕生投入大量精力的工作？谁会知道我们正在用好的表现来掩盖内心的黑暗？会不会有人怀疑我们努力构建的人设背后存在黑暗，正如莎士比亚所提醒我们的："一个人可能会笑里藏奸。"

只有我们自己才知道，我们外在的形象是如此肤浅，如此单一，如此有误导性，或是说如此虚伪，以至于它不可能在琼·狄迪恩所假设的后巷中，与我们的真实自我相认。

物质主义（Materialism）

把财富和价值混为一谈，就是在损害我们的人格完整。

很少有人愿意直截了当地说，我们通过财富来判断一个人的价值（尽管我也曾听到过某个有钱的律师用"他没有赚到钱"来贬损一位备受尊敬的学者），也没有多少人愿意承认，我们购买某些东西只是为了显示自己是成功人士，无论是对自己还是对别人，而不是享受它们。

但我们却是这么做的。我们可能会说，我们不赞同通过财富衡量个人价值，可我们倾向于仰视有钱人，羡慕他们的生活，并认为最"成功"的人一定是富有的。

我们对消费的欲望从未消减，却同时声称"物质"对我们来说并不重要。我们享受着广告的奉承，被精致的商店里的巧妙营销或网络照片所诱惑，却说只有比我们更容易受骗的人才会受到商业宣传的蛊惑。

"与人攀比"绝非一句空话：正是人类这种善于竞争的特质（人类善于合作的本性带来的连锁反应）让大众市场运转不息。我们几乎本能地通过房子大小、汽车品牌、手机型号和服装品牌来评判他人，正如一位受访者所说："我们不想搬到更高级的郊区社区，但我们确实想住这条街上最好的房子。"

当我们沉迷于"购物疗法"时，它之所以起作用，不仅因为它的确能给我们带来获得某样东西的快感，还因为它能满足我们提升个人形象的希望，或是因为销售人员对我们很好。在这个过程中，一些更深层次、个人层面的事情发生了：良好的购物体验可以让我们对自己和自己的地位感到更自信。我清楚地记得一位受访者如何描述购物的快感，从她进入购物中心的那一刻开始，她说"我觉得自己真的很强大"，这时她的眼睛炯炯有神。也许这是因为她即将通过施展购买力来将自己的消费主义付诸实践，也许购物中心是她唯一觉得自己可以掌控的地方，也许只有在这里每个人才会把她当回事。

在"面具与标签"章节中，我们看到了品牌如何帮助我们构建社会认同。但是，我们对拥有物品的痴迷，对获取物品的痴迷，在更广泛地层面上意味着，我们正逐渐地，也许是无意识地，吸收着物质主义的价值观。如果我们有小孩的话，我们也会把这些价值观无缝传递给他们。

一位父亲反省自己是否做了好榜样

我不想变得那么物质，当然也不想让孩子们也变得物质，但我却一直在买买买——当孩子们想要最新款产品时，无论他们想要什么我都会答应。有一天我洗完澡，听到孩子们正在争论哪个品牌的运动鞋最好，也就是他们想要哪一双。运动鞋啊！他们一个才五岁，一个才七岁。之后我想：我的孩子怎么会对这些品牌了解得这么清楚？他们是怎么变成了这样的消费者？他们怎么变得这么物质了？运动鞋好像是唯一能引发他们争论的话题。然后我看向镜子，知道了答案。我知道我做了一个坏的榜样，而且一直没有改变。为什么会这样呢？

过去我有个关系很好的朋友，但我跟他疏远了，因为他认为一个人所拥有的物质决定着他是怎样的人，无论是车子、房子还是衣服。有一次我直接问他：你觉得没钱的人就比有钱人低人一等，就不值得尊重吗？他说是，因为他认为人们必须拥有很多好品质才能赚到钱。我直接呆住了。我的意思是，尽管我不是个社会主义者，但我真的不能接受这样的观念，也绝不会让这种价值观影响我的孩子。

我和我妻子经常说，我们想让孩子拥有最好的。或者我们需要重新思考一下"最好的"是什么，当然不是指"最好的"运动鞋品牌。

就像大多数"藏身之处"一样，物质主义也建立在人性之上。自古以来，我们就需要尽其所能地为自己和家人提供住所、衣物和食物，在现代社会，我们理所当然甚至不可避免地面临着将它们更新换代的压力，以提升生活质量。

很多人都想要做得更好（无论"更好"指的是什么）。我们尤其想要挣更多的钱，这是因为我们在某种程度上将收入与自由挂钩，无论是摆脱贫困的自由，债务自由，做喜欢的事的自由，还是环游世界的自由。

考虑到我们所处的社会，想要通过物质实现某种程度的舒适和富足是正常的：毕竟，这是个物质主义的世界。但是听某些政客讲话时，你会觉得这只是个物质主义的世界：我们的社会只是一种经济，经济发展本身就是目的，我们有责任通过买买买（如果有必要的话，借借借）为经济发展做出贡献。

可事实上，这并不只是个物质主义世界，我们存在的世界同样是个精神世界，它充满了爱与恨、热情与欲望、思想与信念、善意与破碎的梦想。在这个世界，生活的富足与意义更依赖于人际关系，而非物质的质量（或数量）。在这个世界，我们会用一生的时间来探索"何为人"。在这个世界，最终时刻心灵的宁静对我们来说有无可估量的价值，远远超过"三十个银币"（收买犹大出卖耶稣的价格）。

提及圣经，大多数人都能领悟到耶稣这句话中所蕴含的智慧："如果一个人获得了整个世界，却失去了自己的灵魂，那他能得到什么好处呢？"英国诗人威廉·华兹华斯（William Wordsworth）在《我们太沉湎于俗世》（*The World Is Too Much with Us*）中也表达了相同的观点："获取与消费，正在扼杀我们的天性。"

我们并不需要放弃所有物质层面的东西来抵制物质主义。这是一个程度的问题，它关于我们更看重哪种价值观、哪种梦想，以及更看重人生的哪个方面。只有在我们把获取物质当作生活的首要中心时，对物质享受的适度渴望才会发展成物质主义。

当我们把物质主义作为自己的道德观时，它便会影响我们生活的方方面面，无论是教育孩子还是物质崇拜。我们会更喜欢"具体思维"而非抽象概念，更赞同"客观现实"而非主观体验。我们会对关于精神与灵魂的抽象概念失去兴趣，并拒绝一切形式的神秘主义。我们甚至会无意识地接纳某种物质标准，例如把财富当作评判别人的标准。我们还会赋予家庭装修以情感意义，认为它有利于个人的成长和发展。

我们对物质主义或消费主义价值观的接纳，能通过以下观点反映出来，即我们普遍认为，中产阶级家庭需要两份工资以维持我们渴望的生活质量。类似的事例还有家庭债务（包括信用卡债务），以及户主们对房价的态度：尽管有大量没有房子的年轻人因房价上涨被挡在住房市场之外，可任何房价下跌的迹象都会引起震惊和恐慌，就好像在说："我们不想让年轻人搬去郊区或者永远租房，但同时我们也不想让自己的房子贬值。"

甚至那些觉得自己能抵挡物质主义诱惑的人，也会发现自己进入了物质主义的陷阱，例如，当他们陷入住房市场和装修市场时。

"选择合适的水龙头好像成了世界上最重要的事。"

我无法忍受那些只想讨论房价，讨论郊区有多少房子易手的人，但悉尼就是这样。我们已经为装修房子还是搬走苦恼好几个月了，一旦我们决定搬走，就必须要日复一日地留意房价信息。我并不喜欢这个过程，尤其是卖房，并不是说我们一定要赚大钱，我们并不穷，我一直跟我丈夫说："按市场价就行。"但他一直等待着更高的价格，而不是接受正常合理的出价。他并不是个贪婪的人，但在卖房的过程中，他确实表现得很贪婪。

我们纠结于装修还是搬家，最后决定两个都要。我们喜欢新买的房子，但厨房有点不太好，于是我们开始了新一轮的忙碌。我简直不敢相信厨房装修给我们生活带来的影响，它甚至比卖房子还要麻烦，我敢说它让我们变成了疯狂的物质主义者，选择合适的水龙头好像成了这个世界上最重要的事。我们在厨房家居展销厅花了很多时间学习关于水龙头、料理台还有门把手的知识，仿佛这是我们有史以来做过的最大决定。我们为这该死的水龙头烦恼的时间超过了我们成婚以来的所有事。现在，当然，打开水龙头就会有水流出，所有水龙头从问世以来都是这样。

我必须承认，我们的新厨房非常棒，但我不觉得我们会为漂亮的水龙头而惊叹，其他人也没有，甚至连水管工也没有，虽然我们的新厨房确实令人羡慕。这让我们感到了一种古怪的快乐，就好像我们愿意让别人通过我们家的厨房来评判我们一样。这仅仅会显示出你有多容易被"物质"所诱惑。水龙头——我问你！它改变你的生活了吗？没有。它比别人家的水龙头更智能吗？不知道也不关心。我觉得我们是非常理智的人，那我们怎么会为这种无关紧要的小事纠结这么久？我对我丈夫说："我已经不认识自己了。"他完全能理解我的意思。

物质主义是最有诱惑力的"藏身之处"之一。一旦我们的注意力被消费和获取物质所吸引，我们就会发现自己只活在物质世界中，它更容易让我们变得自私和善于竞争，无法保持健康的自我，无法接近例如同情等精神层面的思想与价值。毕竟，当我们的内心被下一个要买的东西所占据时，无论是车子还是包包，我们的灵魂状态如何便无关紧要了。

怀旧（Nostalgia）

--------------------------------- 🪟 ---------------------------------

> 如果总是寄情于过去，我们便会失去当下与自我所有重要的联系。

开复古风格的迷你或大众甲壳虫汽车，或者以停产为由开一辆旧

车，看起来并没有什么坏处^①。

为什么不穿你最喜欢的年代的衣服，或者听你少年时代流行的歌曲？为什么不重新流行爱尔兰炖肉和面包黄油布丁？当然，这点怀旧不会对任何人造成伤害。

伤害？不会。当为了娱乐、为了当下而庆祝过去时，怀旧不会造成伤害。但是，如果我们过于依赖过去，不停地将过去与现在的不足之处作对比，这可能意味着，我们此时此地的一切都不太好。如果我们躲藏在怀旧中，我们对过去的热爱便会成为实现当下的阻碍。紧盯着后视镜开车向前，是一种危险的前进方式：对过去的痴迷不仅会扼杀我们对未来的洞察，还会阻碍我们看清楚当下的得失。

怀旧通常是对我们自己的怀念，而非对过去本身的怀念，它是一种对当下生活的不满或失望，甚至代表对自己失去信心。怀旧并不意味着"过去更好"，而是说明我们更喜欢过去的自己，或者过去我们有更多憧憬，过去我们有更多自信，我们希望能再次产生这样的感觉。美国前总统特朗普的竞选口号"让美国再次伟大"便直接触及了人们的怀旧情怀：它最直白的潜台词是"让我找回过去的感觉"，正如美国音乐家和作曲家范戴克·帕克斯（Van Dyke Parks）所说："我年龄越大，人们越觉得我好。"

怀旧更能说明我们此时此地而非过去的境况，因此，怀旧情绪常常使我们对过去做出错误的断言，比如声称过去的汽车质量更好。在这种情况下，我们真正想说的可能是"我更喜欢那种汽车流行时的自己"或者"我真希望我还是那种汽车流行时的那个年轻人"。是的，人们怀旧可能是因为喜欢老爷车和复古车的美感（我就是），但抱怨汽车停产的背后，往往有着更私人、更辛酸的原因。

---

① 事实上人们没有这么做，而且幸好没有这么做：现在的汽车比过去的更安全、更环保、更舒适，这也是澳大利亚道路死亡人数下降到40年前五分之一的原因之一。

这并不是在否认我们想要重新获得的所有事物：例如人们驻足聊天的街区，有充裕时间陪伴孩子的父母，做一个好公民的普遍责任感，对平等主义的信仰。

　　"啊，"我们可能会说，"在大多数人星期天都去教堂的时代，社会比现在更好。"（事实核查：从来没有大多数人在星期天去过教堂，这也不是二十世纪的事，二十世纪经常去教堂的人从来没有超过总人口的45%。）"回到离婚率低的年代就好了。"（事实核查：离婚率高通常意味着人们对婚姻的态度更严肃，而不是更轻率，澳大利亚过去的低离婚率与女性受到的压迫、女性的低社会地位和男性至上主义的丑恶烙印有关。）"如果没有深夜喝酒这种事情就更好了。"（事实核查：在臭名昭著的"六点钟痛饮"禁酒令取消之前，它实际上导致了更广泛的酗酒和家暴。）"当孩子们努力取悦他们的父母时，生活会更好，而不是像现在这样，父母似乎一心想取悦他们的孩子。"（事实核查：当孩子的权利得不到法律承认时，虐待儿童是不受约束的，孩子们或许只能学会顺从，而无法培养适应力。）"在每个人都盯着智能手机看之前，我们的生活更好。"（事实核查：这么说有点过了，手机有优缺点，我们在前面章节中讨论了很多关于"信息技术"的问题，但并不全是弊端，智能手机促进了地理位置较远的人进行更紧密的联系，让许多父母保持心平气和，除此之外还有很多其他的益处。）"男性的头发更短（或更长），女性的裙摆更高（或更低）的时代会更好。"（随你挑。）

　　无论我们渴望怎样的过去，我们几乎总会认为过去是一个"更简单"的时代，或者是一个"人们都知道他们支持怎样的价值观"的时代，或者是一个"年轻人都有着明确的自我定位"的时代。有些老年人喜欢20世纪50年代的生活，我是那个年代过来的人，我不知道为什么会有人喜欢，特别是女人。50年代的很多人都渴望回到20年代，这无疑是怀旧无休止的循环[1]。

人们如此喜欢怀旧并不难理解。过去的巨大吸引力在于我们经历过它，甚至能掌握它。它是我们所熟悉的大环境，我们知道自己能很好地适应它，因为我们做到过。今天，当变化不断加速，许多人因此感到痛苦和焦虑时，想要回到一个更慢、更简单、更明了的时代，这种想法具有不可抗拒的吸引力，如同我们希望自己变得更年轻、更乐观、更有潜力一样。

但是，我们是怎么在记忆中美化过去的！在过去，你可以不锁前门，你可以让孩子们自由漫步，因为过去的犯罪率更低。（事实核查：在过去40年中，大多数种类的犯罪率都在稳步下降。）没有自行车头盔！爆竹之夜，每个人都可以买烟花！晒黑是"健康的"！（曾经，我们的快乐常以安全为代价。）

怀旧或许是对当代社会的理性回应，但我们对自己的失望，不太可能通过回顾过去的生活方式、回顾我们曾经是怎样的人而得到有效解决。虽然怀旧在某种程度上可以是无害的乐趣，但它也是一种逃避与当下接触的方法，包括当下的自我，这会阻止我们欣赏当下的一切。我们必须在此时此地面对真实的自我，对过去的执着会阻碍我们对当下做出回应。

布朗外祖父尊重过去，但拒绝怀旧

布朗外祖父经常对我们说的一句话是："永远不要向后看，除非你是想提醒自己已经走了多远。""你不能改变过去，改变你做过什么或没做过什么的事实，但你可以改变现在"，这是他最喜欢说的另一

---

[1] 如果20世纪60年代恰好是你怀念的时代，那么你读一下理查德·格洛弗（Richard Glover）的《鳄梨之前的土地》（the Land Before Avocado）再好不过。

句话。我爸爸一说他小时候在茂密的远郊长大时的一切比现在都好，外祖总会这么说。

而格林祖父总是喜欢追忆过去，重温过去的辉煌时刻，就好像他生命中最美好的时光已经结束了。我从不觉得他内心会感到舒适，我确信他心中的自己跟他实际的样子不同，他认为自己更年轻，更有令人难以阻挡的魅力。

布朗外祖父参加过第二次世界大战，但他从不谈论这件事。他只说他不希望任何人经历这种事，但不管是好是坏，这件事都塑造了他的人生。"这就是重点，"他对我说，"当你长大后回顾过去，或许希望自己能够回到那时。我也曾经这么想过，就好像我可以跳过战争，回到我成长的那个世界。但那没用。首先，如果我能回到那里，我也不是个男孩了，不是吗？不管怎样，大萧条一点都不好玩，尽管人们总是谈论说大萧条是如何塑造了他们的人生，以及现在每个人都能轻松地应对它。我甚至听到有人说，'我们需要的是一场好的战争'，好像这样就能让人想通一样。没有一个参加过战争的人会说这样的话。"

外祖父的关注点一直都是我们必须想办法解决此时此地的问题，如果我们幸运的话，过去的经历能够让我们更好地面对它。他是个聪明的老家伙，他好像能按照自己真正的信仰生活。哦，他喜欢妈妈放老歌，但他从来不会觉得他小时候的时代比现在更好，"如果是这样的话，"他常说，"这就好像在说小时候的我比现在的我更好。"

英国作家莱斯利·珀斯·哈特利（L. P. Hartley）在其小说《送信人》（*The Go-Between*）的著名开场白中写道："往昔是一处异域外邦：那里的人做起事来是不一样的。"嗯，当然是，他们当然是不一样的。而且，像那些梦想移居异国来逃避日常生活的压力、责任和乏味的人一样，那些通过回忆过去的快乐逃避当下的人，可能只是在逃避真实的自己。

可最终，直面自我是不可避免的。我们回避自我时产生的紧张感，会加深我们去往别处的愿望，而过去则是最吸引我们的"外邦"。然而，我们在那里会如同在真正的"外邦"一样格格不入：在关于过去的美好记忆中，那时的我们与现在的自己截然不同。正如布朗外祖父所说，如果他能重温小时候的时光，他也不再是个男孩了。

回到家乡的移民经常说他们会感到迷茫和失望，有时是因为沧海桑田，但更多时候是因为他们自己变化太多。完全相同地，即使我们能让时光倒流回到过去，由于我们自己的变化，那时的一切注定也会让我们沮丧、困惑和失望。

把自己裹在怀旧的毯子里，或许能让我们在生活的失望、窘迫与羞辱中得到些许安慰，但只有坚定地面对当下的自己，才是建立新的目标感、从而建立新的自尊的最好方式。

现在是明天的昨天，不久之后人们就会开始怀念现在。但请不要忽略怀旧真正的意义：它帮助我们更好地认识自己。假设我们仅仅是在谈论过去，而忽略它真正的意义，怀旧便会如同所有的藏身之处一样，危害我们的精神健康。

完美主义（Perfectionism）

> 追求不现实的、难以实现的完美，会分散我们对生活中
> 不完美之处的关注。

奈杰尔·马什（Nigel Marsh）在《四十·肥胖·失业》（*Fat, Forty and Fired*）中坦诚而幽默地描述了自己的中年危机，说他意识到完美是不可能的时候松了一口气。"我没有任何答案，"他写道，"不过，现

在我正以不同的方式看待事物。我不再追求完美。在此之前，我只能看到黑与白，而现在，灰色更能让我感到舒服。"马什承认，生活永远是一场斗争，他决定专注于斗争，"而不是努力实现只存在于神话中的、没有压力的涅槃"，赞美自己的每一次小胜利，而不为"没实现完美生活的重大失败"而自责。

完美，我们有时会在一朵花、一道彩虹、一段萦绕于心的乐章中瞥见它。我有时读到一句话后会想："我希望我也能写出这句话，它是完美的。"但生活本身永远都不是完美的，人际关系也从来都不是完美的（尽管我们可能会告诉对方说这是完美的）。生活是混乱的、不可预知的、复杂的、短暂的……而且常常很棒。它充满了模棱两可、矛盾、悖论、讽刺、心痛和欢乐的时刻。但完美的生活？那只在你的梦中。

关于人类的真相是，我们都是脆弱的、有缺陷的、软弱的，同时也有许多更讨人喜欢的特质。是的，我们时而大胆、有趣、体贴，甚至聪明。是的，我们可以通过各种努力获得成功，我们可以事业兴旺。是的，我们可以同情和关怀他人，我们可以为正义而战并赢得胜利，我们可以创造美好的事物、文字和图片，我们可以不吝啬对他人的帮助且不求回报，我们可以给予爱并获得爱，并以此丰富自己的人生。

以上所有都是关于我们的真相，然而却还有更多，"更多"中包含着与光明同样多的黑暗。例如，我们有时注定要失败，生活会使我们沮丧，家人和朋友会让我们失望，有时我们很难接受从自己身上得到的教训，我们并不总是想知道我们到底是谁、我们的真正动机是什么。

生而为人即意味着不完美。我们都是好人也都是坏人，在光影中转来转去。当我们独自行动时，我们不得不忍受自己的缺点和不理智；当我们集体行动时，情况就更加复杂了。我们都会被相互冲突的欲望所撕扯，例如爱欲和控制欲①。我们急切地想要某样东西，直到我们得到它，然后开始困惑这一切小题大做是为了什么。我们渴望确定性和稳定性，然而我们的大脑却因不确定性和不可预测性而茁壮成长。如果我们拥有完美的理性，我们也许能够创造一种完美有序的生活，尽管它也会是一种极其乏味的生活。

爱尔兰诗人兼作家詹姆斯·斯蒂芬斯（James Stephens）在他的喜剧小说《金坛子》（*The Crock of Gold*）中总结道："结局便是死亡，完美便是结局，没有什么是完美的，里面总有瑕疵。"

的确总有瑕疵。当你找到一份完美的工作，一个完美的伴侣，一个有着完美厨房（带着完美水龙头）的完美房子，一个完美的度假胜地，当你有了完美的孩子（你完美地教养他们），把他们送到完美的学校……这一切中总会有瑕疵。

我用的牙膏上骄傲地印着"完美"两个字，经过一段时间的使用，我发现我的牙齿看起来还是老样子，而且并没有比过去更接近完美。不过，我并不感到失望：除了清洁牙齿之外，我从来没有真正期待过别的什么，获得新鲜口气是一种令人愉快的惊喜。我的车也并不完美，虽然它是我曾拥有过的最好的车子之一。我的公寓也并不完美，可我并不想改变任何一件陈设，因为它让我感到了像家一样的温暖与美好。

我并不是想说，因为完美是一个虚幻的目标，所以我们不应该对每件事情都竭尽全力，不应该努力维持人际关系的和谐。我也不是想说，时尚的"卓越"无法实现，也不是否认把事情做好后得到的极大自豪感和满足感。（我打扫完厨房的长凳时也会有这种感觉。）当然，我们期望牙医、飞行员、工程师和其他高精尖的工作都能达到近乎完美的状态，尽管我们知道他们跟我们一样也是人类，下班回家后会修

---

① 顺便说一句，在健康的关系中，这两种欲望永远不会同时得到满足。

剪玫瑰，抚养小孩，整理浴室或弄丢车钥匙。我只是简单陈述了一个显而易见的事实：不完美是人类行为中的固有特质。

既然知道这些，为什么还会有人追求完美呢？答案是：因为完美是一个非常明智的藏身之处。只要我们追求完美，因为自己被称为完美主义者（把它当成赞美）而感到快乐，我们就可以坚定地将注意力集中于自己的外在了。可我们都非常明确地知道，我们很难达到完美……所以不要追求它。作为替代，让我们找一杯完美的拿铁吧，或者把一株完美的天竺葵放在一个完美的罐子里，不要让一片落叶破坏我们前面道路的整洁，让我们把草坪和头发修剪得尽善尽美，让我们把餐桌摆好，餐具完全平行，衬垫完全笔直，盘子放在中间。

乔治究竟是完美主义还是迂腐？

结婚30年后，海伦终于失去了耐心。

她一边喝咖啡一边向朋友抱怨说："在我小时候，我爸爸不断纠正我的英语，后来我嫁给了乔治，他也在做同样的事。比如当我说'乔治和我'用错主宾格时，他就会指出来，每一次。'宾格，海伦，跟随动词。'不管我们在哪里和谁在一起。我刚刚这句话也应该用宾格，对吗？我以前还觉得这很好玩儿，直到我们的儿子马克斯明白了，他也开始纠正我。不过马克斯现在住在外地，我真是松了一口气。至于想离婚这件事，并不是因为我没有努力过。"

那天晚上吃饭的时候，海伦对乔治说了她跟儿子在电话中谈论的内容："我们被邀请去马克斯的朋友家的海滨别墅（Max's friend's family's beach house）住几天。"

在短暂的沉默之后，乔治看着他的妻子说："糟糕的语法结构。三个连续的所有格名词连在一起就会这样。这样的用法没错，现在可以这么用，但是显得很笨拙。也许应该说‘马克斯朋友家的海滨别墅’（at the family beach house of a friend of Max）？这样更好，但依然有点笨拙，这里有两个‘of’。我知道困难在哪了，也许我们可以说‘马克斯朋友家的海滨别墅’（the family beach house of Max's friend），尽管这么用可能意味着马克斯只有一个朋友。"

海伦习惯了他这种主动纠正，她接着说："我觉得你似乎更应该留下工作，我相信就算只有我和马克斯去也没有什么区别。"

乔治看上去很震惊，他是真搞不明白，这么多年来，海伦为什么就是分不清主格和宾格的区别。他知道她十五岁就不再上学了，但还是……就好像他没有努力纠正过她一样。

"用宾格。"他说，语气有点像个机器人。

海伦厉声说："乔治！你知道吗？我不在乎它是主格宾格所有格还是虚拟语气……"

乔治笑了，海伦能掌握这些术语让他感觉很欣慰，但她似乎不想被打断。

"我讨厌一直被人纠正。我受够了！我受够了我爸爸，我也受够了你，我对你把马克斯也拉进这个迂腐的秘密社团感到非常气愤。"

"这可不是什么秘密社团，海伦。顺便说一句，我认为迂腐是一个没有必要存在的贬义词，我们只是想把事情做好。语言是生活中极其珍贵的东西之一，语言的完美是可以实现的：正确的单词，总会有一个正确的单词，还有正确的语法，正确的句法。这不难，海伦，把它弄好并不比弄错更难。"

"乔治，你误会我的意思了。我觉得你对我的语法比对我更感兴趣。你几乎没有注意到我，你从不评论我的外表，我不记得你最后一次吻我是什么时候了，只记得你去上班时会敷衍地吻我一下，我甚至怀疑你已经不记得我晚餐刚做了什么了。如果你想知道我的意思的话，我是说，我觉得你对我完全不感兴趣（disinterested）。"

"海伦，并不能用'disinterested'，我猜你可能是想说'uninterested'。我之前应该也提过一两次，'disinterested'意味着客观公正，没有利益冲突，而不是缺乏兴趣。"

海伦扔下餐巾："乔治！够了！我不知道该怎么说，但我认为我们的婚姻存在很多大大的问号。大大的问号！"

乔治仍然很享受海伦这种"敷衍"的话语，他很难不去评价海伦的话。

"我猜你指的是'问题'，海伦。问号本身是毫无意义的东西，无论是在婚姻上，还是在其他任何地方。我知道你从哪儿学来的，记者们一直在这么用，'部长的旅行报销单上有个大大的问号'。荒唐。的确是'有问题'，但问号只是一个标点符号，表示一个问题已被问……"

乔治停顿了一下，但海伦没有回应。海伦离开房间来到了卧室，换上了她的运动鞋，准备一边散步一边好好进行一下思考。

很抱歉让读者们忍受跟乔治在一起的晚餐时间，但我很熟悉这类人。我妈妈也像海伦一样抱怨，首先是她父亲，然后是她丈夫，她儿子，都在纠正她的英语，尽管我们都不至于到乔治的程度（我希望如此）。

咬文嚼字只是完美主义的一种体现，就如同那些有洁癖的人，那些只有把窗帘褶边拉平才能睡觉的人，那些因为别人穿了什么"不能穿"的颜色而感到紧张的人。我有个朋友最终因为她丈夫要求咖啡桌上的杂志必须要"整齐摆放，不能散落"而跟他离婚了。当然，这是压死骆驼的最后一根稻草，并不是他们离婚的唯一原因。

用完美主义来逃避自我非常有效，因为它让我们看起来有高标准，希望把事情做好，坚决维持秩序，所有这些都是令人羡慕甚至令人嫉妒的品质。就好像完美主义人格是内心纯洁的某种外在体现，就好像锃亮的鞋子被认为是道德水平的某种体现一样。

但并不是所有的完美主义者都在逃避自我，我们有些人似乎天生就有这种神经官能症。但是，当完美主义愈演愈烈，甚至咄咄逼人时，我们很有可能是在逃避某些关于自己不愉快的、可怕的、不好的事实。

职场中那种说一不二的完美主义者近乎恃强凌弱，要求别人遵从自己那种不合理的标准。我们几乎可以肯定，他们害怕暴露自己的不足和弱点：

不听我的就滚蛋！

一次性做好！

一份值得做的工作不仅是一份值得做好的工作，而且是一份值得做到完美的工作！

整洁的书桌，整洁的头脑！（把这句话当作咒语的经理总是有张一尘不染的桌子。而向他报告的人则喜欢喃喃自语："空空的桌子，空空的头脑。"）

当然，我们也没有必要因为人性中的不完美而屈从于混乱的生活。虽然波斯地毯通常都会故意地、象征性地编织出不完美的痕迹，因为穆斯林相信只有真主的作品才是完美的。

但是，追求自己的完美或他人的完美也是不现实的，而且是非常不现实的，以至于我们总忍不住去怀疑完美主义者是为了隐藏什么。

投射（Projection）

我们在别人身上发现的缺点，有时能反映出我们自己的
问题。

投射是一种普遍性的倾向，尽管它所展示的我们不愿意面对的东西，不是那么令人愉快。

西格蒙德·弗洛伊德（Sigmund Freud）将"投射"这个术语引入了心理学，它描述了我们如何从他人的品质中"看出"我们自身正在掩饰的或不愿承认的部分。例如，我们可能咄咄逼人地问伴侣为何如此生气，从而掩饰我们自己的愤怒；我们可能指责别人是"控制狂"，来转移我们想要控制他人的欲望。我们可能指责别人善于嫉妒，来掩饰自己强烈的嫉妒心；我们可能会抨击傲慢的人，以此来否认自己也有这种倾向；我们也可能会批评别人太过"依恋"自己的孩子，因为我们自己正因为对孩子的强烈依恋而感到焦虑。

恃强凌弱是投射中最丑恶的现象，施暴者总是将自己的自卑感和不足感，投射到受害者的身上，或许受害者遭受的一切，正是施暴者觉得自己应受的惩罚。

通常情况下，我们认为投射是一种消极的、具有潜在破坏性的行为，但它也能发挥积极作用。英国哲学家、神学家唐·库比特（Don Cupitt）认为上帝是人类渴望信仰时产生的投射，是"想象出来的宗教生活的中心"。有时我们赋予政治领导人的信任，是因为我们希望社会公平、世界美好。刚在一起的恋人也会对彼此有类似的投射，给平淡的现实增添对"真爱"与完美关系的希望。在这些例子中，投射都在发挥某种防御机制：我们正努力保护自己远离失望。

我们会因自己的不足和错误感到内疚或羞耻，我们不愿意面对这些感觉，这让我们太过焦虑不安，于是我们将注意转向另一个人，把这些感情投射到他的身上，这样我们就不用再为此烦忧了。

安德鲁遇到了"不称职的"导师开设的"无意义的"课程

当安德鲁离开学校后，他没有什么特别想做的事。于是他用了一年时间在南美洲旅行，之后回到家乡，在他父亲的网络印刷公司工作了一年，但他觉得乏味，便又出去旅行了，这次是跟他女朋友一起去欧洲。在那之后，他又回到父亲的公司工作了一年，感到无聊后便去读大学了。他的女朋友已经拿到了很高的艺术学位，而且很享受高校生活，安德鲁觉得这是个好的迹象。安德鲁很喜欢他的女朋友，但他私下对朋友说，有时他觉得她有点无聊。

鉴于当今世界对人工智能的接受程度，安德鲁认为信息科技专业是个不错的选择。例如，无人驾驶汽车就是个不错的想法，虚拟现实也是。

他按时入学后，便开始上课了。当发现作业量有多少，他们要提前多久准备第一个大作业时，他感到非常吃惊，实话说，是震惊。他也因为大部分同学有多年轻而感到惊讶，他离开学校后的四年不仅让他年龄得到了增长，还让他变得更加成熟。事实上，他觉得其他同学非常幼稚。

他也对教学质量感到有些失望，有些讲师讲得还算流利，但并不是很引人入胜。其他讲师看起来似乎没好好准备，讲得也不连贯，尽管别人都说他们水平很高。事实上，讲得最差的那位讲师好像有最高的头衔，难怪最出色的学者都不愿意讲课，安德鲁想。

他对这些越发没有耐心，可他还是上交了自己的第一份作业，实话说，是草稿。他觉得自己需要一些指导，他想知道在课程这么早期就要交作业，老师期望达到什么标准。

很快他就得到了答案，他被叫去见他的导师，并被要求解释他上交的作业。

"解释什么？"他问。

"呃，这很难说是一份作业，它更像是你开始动笔之前拼凑在一起的笔记。"

"是的，您眼力真好。因为这是我第一次交作业，我以为我们可以上交笔记，以便谈论下一步怎么做。我已经很久没写这种东西了，我比其他人离开学校的时间更长。"

他的导师想给他不及格，但系里有明确的规定不让任何人挂科，至少在第一个学期。她问安德鲁愿不愿意接受第二次机会，修改后重新上交一遍作业。

安德鲁不情愿地答应了，但他想了很多：教学一塌糊涂，其他学生都不成熟，他在这门课上似乎一无所获……他还在这里费什么劲？

他萌发了聘请学业指导师的想法，他想看看这样的人是否能让他的学业拥有重心。重心，这正是现在他所缺少的。这里的人没有重心，在安德鲁看来，他们是一群傲慢的人，不知道他们有什么好骄傲的。

他跟一位学生顾问咨询了转专业的事，他觉得哲学或许比现在这一堆乱七八糟的东西更符合他的口味。学生顾问对他说，他从下个学期开始就可以转文科，他建议安德鲁先去哲学系旁听几节课。

"这些课会算学分吗？"安德鲁问。

"不会，我只是觉得你转专业之前，应该先去听听你喜不喜欢它。"

"算了吧。"安德鲁说，他惊讶地发现这里的人有多不现实。去上非必修课？他很快得出结论，这个地方真的是个象牙塔。

他又找学业指导师聊了聊，指导师很明确地告诉他，她只会让他的作业量增加而非减少，她评价说他的几位讲师声誉卓著，这让他也感到十分生气。

最终他给他的导师发了一封邮件，说系里的组织有多差，教学有多不合格，学生水平有多差，专业课程有多混乱。他简单修改了一下作业就提交了，一点也不关心后果。

他让她女朋友看了这封邮件，她笑着说："我觉得你在投射，安迪。"

他不明白她在说什么，但他一点也不喜欢她的笑声："为什么你总是觉得每件事都那么好笑？我被人这么对待你还笑得出来？我甚至没法确定你在成熟和高雅的外表下，还是不是个善良的人。"

投射并不是像照镜子一样，简单直接地在别人身上"看见"我们的弱点。当我们试图让别人感到愧疚，以逃避自己的愧疚情绪时，也是在进行投射，就好像我们能让别人替我们承担愧疚一样。

在《为什么我们总是在逃避？》（*Why Do I Do That?*）中，美国心理治疗师约瑟夫·布尔戈（Joseph Burgo）讲述了吉姆的事例。吉姆在回家的路上忘记拿干洗店的衣服了，他妻子问他衣服在哪，吉姆承认自己忘记了，并向她道了歉。然而，他的妻子并没有接受道歉，而是生气地叹了口气，抱怨说自己现在还要去拿，因为她明天要穿这些衣服。妻子拒绝接受道歉，这让吉姆感到更加愧疚了，同时也给了他一个反击的机会：他指责她动辄指指点点。吉姆知道这是他自己的错误，但通过投射，他说服了自己，妻子才是那个"坏人"。

这看起来只是一件家庭琐事，但投射正是在这种情境下频繁地发生。妻子可能会因为丈夫草率的餐桌礼仪和"尴尬"的穿搭，言过其实地斥责对方，这可能会让丈夫感到有点小题大做。如果她此时正在隐瞒自己不愿承认的某些行为（或许是在化妆品柜台上花了太多的钱，或许是愚蠢地跟同事调情），通过与之完全无关的小事斥责丈夫，把他说成犯错的人，她们或许就能减缓愧疚。

卡尔·荣格（Carl Jung）认为投射并不仅跟愧疚或羞耻有关，它是我们对人性"阴暗面"的逃避。荣格认为除非我们直面自己的阴暗面，并将其接纳为自己的一部分，否则我们将永远无法变得完整，无论这个过程有多么痛苦。正如他在《对分析心理学的贡献》（*Contributions to Analytical Psychology*）中所说："没有痛苦就没有感知。人们为了逃避自己的灵魂，能做出任何荒诞之事，人们无法通过想象某个光明的形象，而只能通过对黑暗的觉知来获得启迪。"

澳大利亚作家兼学者大卫·戴西（David Tacey）在《变暗的心灵》（*The Darkening Spirit*）中指出，"人们不会喜欢这种观点……因为它要求我们接受我们不想知道的关于自我的事实"。他还提醒我们，"无论何时，智者总是在强调这种洞察的重要性"，因为我们很容易有意无意地，通过假装别人有问题来释放我们的愧疚或焦虑。

我们不必非要用荣格或其他版本的分析心理学来理解投射作为"藏身之处"有多受欢迎。我们都知道，我们身上混杂着高尚的动机和原始的欲望，我们都体会过善念和恶念的博弈，因此，任何形式的自我探索，都意味着与我们的"阴暗面"碰撞。当我们意识到自己具有投射的倾向，这是一个颇具收获的开始，也是一个通过投射来反省自我的精神和心灵状态的绝佳机会。

这就是投射的巨大悖论：它是我们用来逃避自我的防御机制，也会成为自我启迪的源泉。在《宽恕的能量》（*Radical Forgiveness*）中，柯林·狄平（Colin Tipping）对此做出了解释："如果你想知道你不喜欢自己身上的哪一点、想要否定自己身上的哪一点，只需要看看别人身上你最讨厌的特质，从他们为你准备的'镜子'中看一看，就会得到答案。"

当然，这并不意味着我们对别人的所有批评都是投射，而是意味着当有人指出我们对别人的批判可能言过其实时（可能是因为别人没有意识到他们哪里惹恼了我们），我们应该向内看看自己。同样地，当我们发现身边的人被我们"无端的"人身攻击操纵或羞辱时，我们也是时候想一想自己指责他们的动机和隐藏的情绪了。

"替罪羊"，也就是一个人因为别人的错误而受到责备，是一种关于投射的社会现象。在某些情况下，替罪羊只不过是替人受过，但在一些更极端的例子中，社会团体甚至整个社会都会将愧疚与羞耻感（通常转化成愤怒）投射到一个人身上，让这个人为集体的内疚做出牺牲。

这个词语起源于古老的犹太文化，作为一种宗教仪式，牧师将人身上的罪孽转移到一只山羊身上，然后让它回归荒野，把人们的罪恶带走。

2019年，澳大利亚罗马天主教枢机主教乔治·佩尔（George Pell）被判性侵儿童罪，这起案件也涉及与替罪羊相关的某种投射。许多澳大利亚人对佩尔的罪行深信不疑，他们在佩尔被定罪后欣喜若狂，然而他们却对案件一无所知，就好像人们对罗马天主教会，甚至对银行、政治、媒体等相关机构普遍的愤怒和敌意，都投射到了那个人身上。

佩尔并不是"纯粹的"替罪羊，因为他确实被宣判犯有令人发指的罪行（尽管后来他被无罪释放了）。然而，这种广泛投射的愤怒是如此强烈，毫无疑问，佩尔象征性地承担了远比案件本身更大的罪责。

许多西方国家反移民情绪的抬头似乎都与"替罪羊"机制有关：我们因缺乏同情心、宽容和慷慨，因自己无法帮助不幸之人脱离苦难而感到羞耻和内疚，我们想要从这种难以启齿的情绪中得到解脱，于是我们反而谴责移民和难民（尤其是政治难民），谴责他们造成的麻烦，谴责他们对经济造成的损害，就如媒体上宣称的那样，而事实上，我们正在把自己的愧疚转移到他们身上，通过责怪他们而让他们感到愧疚，让他们觉得自己有问题。如果这不算是"替罪羊"的例子，那么，至少这种关于愧疚的投射也跟它十分相近。

当然，所有类型的投射都能反映出一部分"替罪羊"机制，因为我们在让别人替我们承担我们自己的愧疚、羞耻、愤怒和悔恨。当我们因"替罪羊"行为而感到愤怒时，我们应当提醒自己，当通过投射来逃避自我时，我们这种行为的"受害者"就像是替罪羊一样，这对他们并不公平。

作为一种防御机制，投射通常十分有用。古以色列人看到那只带着罪孽的山羊走向沙漠，或许能够减轻愧疚，因为在某些时候，通过宗教仪式来减轻罪孽，是实现宽恕和救赎的必要条件。如果我们将自己的潜意识状态投射到别人身上，我们可能会感觉好一点，至少当时能感觉好一点，尽管让我们痛苦的根源只是被转移了，而非被解决了。

然而危险在于，如果我们通过投射来避免煎熬，我们会越来越难以面对我们想要逃避的自我。到最后，接受我们正在投射这一事实，关注我们投射的原因，才是更有利于心理健康的选择。

宗教和科学（Religion and Science）

--------------------------------✽--------------------------------

> 对宗教形式的崇拜如同对科学的崇拜一样，会阻碍我们关注精神层面的自我。

将宗教与科学放在一起，读者可能会觉得奇怪。然而，对于那些逃避自我的狂热分子来说，它们却是非常相似的藏身之处。

科学和宗教本身都有着非常明显的价值，它们都对人类做出了不可估量的贡献，它们都提供了某种知识体系，鼓励人们探索人类思想的前沿，它们都能激发我们对自我本质的深刻反思。

然而，人类历史中却充斥着滥用宗教和科学为邪恶开脱的悲惨事例。就宗教来说，它的滥用体现在宗教仇恨中，以及它所导致的"异端"迫害、战争、恐怖主义（近代史中的北爱尔兰和中东）以及其他反人类的行为中。大多数宗教都基于善良、和平、和谐等理念，而以宗教之名来粉饰恶行，则是对这些理念的傲慢侮辱，实在是骇人听闻。同样，牧师与其他神职人员性侵儿童的丑闻，更不用说他们的腐败和对穷人的剥削，都说明宗教在某种程度上是非道德行为，甚至犯罪行为的藏身之地。

就科学来说，所谓的大制药公司会利用人们的弱点进行牟利，会停产利润更低、但疗效更高的药物，会在生产药物后再寻找它们能治的"疾病"。科技被用来发明出令人上瘾的产品，或通过其他方式满足公司的利益。科技发展会制造出更多温室气体，不仅会危及生命，还会使化学物质和废弃塑料污染河流和海洋。飞速发展的人工智能正在侵犯我们的隐私，让我们变成科技的奴隶，或许最后还会导致我们的毁灭。科技发展的阴暗面说明，如果我们认为科学是"无关道德的"，从而去探索每一种科学的前沿，这将是十分危险的。

"以宗教之名"或"以科学之名"为骇人听闻的恶行开脱，是躲避人性阴暗面的一种方式。对宗教和科学的普遍滥用，会减少我们对内在自我的关注。

在宗教领域，有很多关于神职人员忽视宗教意义的事例。在我看来，宗教的意义在于鼓励人们过上充满同情心的生活，而不是关注澳大利亚神学家布鲁斯·凯（Bruce Kaye）所说的宗教形式。后者可能意味着专注于僵硬的教条，以此来打消伴随着信仰出现的怀疑；也可能意味着崇拜圣典本身，认为里面的每一个字都是神之启示，它们的字面意义也完全真实（这种态度被更开明的信徒视为偶像崇拜）；它还可能意味着对礼拜仪式的严格遵守，最终让这种形式变得比精神启发更加重要。

美国作家、前神职人员马克·加利（Mark Galli）说："礼拜仪式是躲避上帝的最佳场所之一，我们不应该为此感到惊讶。"美国神学家马库斯·博格（Marcus Borg）贴切地描述了对宗教形式的崇拜现象。他用了一个佛教比喻——智者用手指指着月亮时，傻瓜只看向了手指。

当崇拜者迷恋于宗教活动、仪式和物品时，无论是图标、横幅、游行、熏香、圣水、彩色玻璃窗，还是五旬节教徒举起的手臂，这些符号本身就有可能成为最终目的，而不再是引发精神性反思的方式。它们成了分散我们注意，而非指引我们看向月亮的手指。它们倾向于弱化人们对宗教体验的关注，让人们远离精神性的洞察，如同猖獗的物质主义一样。

加比和棕枝主日仪式

我有时会被要求参加教堂的游行和其他仪式，这需要大量的准备和训练，而且你确实容易被它们的戏剧效果吸引。我经常会在某个特别盛大的仪式之后，听到人们在喝早茶时称赞每个人有多棒，有时他们说这非常"鼓舞人心"，但我不太确定他们是说这像一部好电影或一场令人兴奋的音乐会那样鼓舞人心，还是它能鼓舞人们过上更具有同情心的生活。

有时我自己也会纠结于这些形式。如果有人在游行队伍中迈错了一只脚，我会感到生气，如果有人在朗读或祈祷时出错，我会觉得他们是多么懈怠，就好像他们在扮演一个角色。好吧，在某种程度上，他们确实是，但这一切都是为了加强我们的忠诚和思考，不是吗？我的意思是，如果我们举行了盛大的游行，之后每个人都沾沾自喜地、满意地回家了，我不确定我们的工作是否做到位了。

无论如何，在去年的棕枝主日，一切都达到了高潮。这真的是个特别棒的仪式，有很多参观者，游行很盛大，人们拿着棕枝，一切的一切，音乐也很动人。

接着是布道，有一位参观牧师在谈论关于难民的事，这也快成为棕枝主日活动的一部分了。他看起来非常博学，开始谈论起居住在墨尔本的难民所面临的困难。

他说话的时候偶尔会拖沓、清嗓子，我想"这真是太棒了，这说明人们都在认真倾听，他们听进去了"。之后我们完成了礼拜，回到仪式上。唱诗班的歌声像天籁一般，我们又进行了一轮游行，我开始担心人们会忘记牧师刚刚说的话。

当然，确实有人忘记了。有些人因为他们的政治立场，对此感到非常愤怒。有些人还是像平常一样喝茶，欣赏着美妙的音乐、游行和横幅，他们说"鼓舞人心"的时候我不觉得他们正在形容牧师的布道。但有一小部分人在礼拜结束后聚到了一起，决定成立一个帮助难民的小组，他们真正理解了牧师的布道。谁知道居然有难民生活在我们郊外呢？

正如同宗教信仰会因宗教形式、过度的教权主义和原教旨主义而变得狭隘一样，科学也会因为科学主义而变得狭隘。美国哲学家汤姆·索雷尔（Tom Sorrell）认为科学主义意味着"比起其他文化学科之外，赋予自然科学过高的价值"。在极端的科学主义下，科学被认为是唯一有效的知识来源，而宗教极端分子也觉得宗教如此。对于科学主义者来说，科学甚至像是某种神明，科学理论和发现就如同宗教形式那样，也具有神圣的意义。

事实上，法国哲学家布鲁诺·拉图尔（Bruno Latour）在其著作《对真神的现代崇拜》（*On the Modern Cult of the Factish Gods*）中表示，科学理论仅仅是信仰的飞跃，而科学"建构"也如同宗教形式一般。他指出，教徒接纳宗教信仰（类比科学理论）后，根据自己对世界的经验和理解，创造出各种宗教形式（符号、物品等）来表示他们的信仰，科学家们如法炮制，创造了目前看起来真实、稳固的科学事实。以后，这些科学事实甚至还会被改进，或者被重新解读，就如同宗教教条一样。

约翰·邓普顿基金会的托马斯·伯内特（Thomas Burnett）在美国科学促进会发表的论文《什么是科学主义》（*What is Scientism*）中，将这种科学崇拜的起源追溯到了17世纪的欧洲和科学革命，当时的"新知识热潮"引发了一场改变知识基础的运动，"人们应当通过对自然的细微观察来获取知识，而非研究古典文本"。

一个世纪后的启蒙运动加深了知识分子对自然科学的推崇。在法国大革命期间，很多天主教堂都变成了"公理殿"，那里的伪宗教仪式鼓励人们崇拜科学①。

这种对科学的崇拜延续到了现在。卡尔·萨根（Carl Sagan）说："宇宙是包括世间万物一切的存在，无论是过去还是未来都是如此。"爱德华·威尔逊（E. O. Wilson）说："作为人类这个物种，当我们发现我们只有自己，我们欠上帝的很少，我们便可以为此感到骄傲。"正如伯内特所说，这样的话会模糊"基于坚实证据的科学与漫无边际的哲学推测"之间的边界。

对于严肃的科学家来说，他们就像严肃的神学家一样，随着更多研究产生更多新的发现，他们从未停止对一切进行挑战和质疑，甚至关于"光速最快"的理论也受到了挑战。近期关于黑洞的照片让科学家们兴奋不已，坚信黑洞存在的科学家们更是感到十分欣慰，爱因斯坦对黑洞做出了预测，但我们需要更多的图片证据。

---

① 在更近的时代，瑞士籍英国哲学家阿兰·德波顿（Alain de Botton）在《写给无神论者》（*Religion for Atheists*）中提出了类似的现代主张。

杰克的妻子对黑洞完全不感兴趣

我承认我是个科学迷。我会读所有我能找到的书，听所有的科学广播，看所有的电视节目，布莱恩·考克斯（Brian Cox）是我最新的偶像。他真是个不错的家伙！

我最感兴趣的是外太空，我猜我爱上它了，真的。我小时候喜欢恐龙，但我也尽我所能地学习关于微生物的知识，我的父母都是虔诚的教徒，可我不明白为什么有人会相信上帝，甚至信仰他们心中那种上帝模糊的影像，只要你关注科学家说了什么就不会如此。（除了那些声称科学和宗教完全能兼容的科学怪人，真的如此吗？）

无论如何，到现在为止，今年最令人激动的事是关于黑洞的照片。我还将照片放大后贴在了我的书房墙壁上，并把一张小的照片贴在了我的工作钉板上。科学界的所有人都在说，这是登月以来的最大成就，或许是火星发射器着陆后的最大成就。不管怎样，我同意。

但我妻子不这么想。哦，她非常喜欢科技，也了解很多关于科学的知识，我想她是爱因斯坦的粉丝。无论如何，当这张照片登上各大新闻时，我承认除了这件事之外我再也没法谈论其他话题了，她对我说："这件事还会怎样改变你的生活呢，杰克？"她甚至会说："这件事还会怎样改变我们的生活呢？"她总是这么说，有一次她指责我用科学来逃避现实，逃避此时此地的一切，包括她。她说科学威胁到了我们之间关系，可我并不明白她是什么意思，我一直不明白。是的，我是沉迷于科学，你可能会说有的时候我有点过了，但我爱我的妻子。如果她对科学有跟我一样的热情就好了！

我再一次提起黑洞时，她说："说到黑洞，下个周末我的日记里就有一个黑洞，我们去别的地方吧，堪培拉深空通讯基地那种地方除外，好吗？"我听了她的笑话笑了，但真的，我觉得去没有意义的地方完全是浪费时间，我们可以用这些时间做很多关于科学的事。

有时我的妻子会说："关掉电源，好好想想生命的意义吧，杰克。"但我对她说，而且我真的相信，寻求生命意义的唯一途径是科学，科学家是宇宙的伟大诠释者，还有什么比这更加重要呢？

如果我们沉迷于宗教符号、象征和最新的科学发现，沉迷于宗教领袖或著名科学家的魅力，我们就会觉得没有太多必要反省自我。有时，凝望星空会激励我们进行自我探索，但如果我们的心灵只关注于某颗星星，甚至关注于指向星空的手指，那我们就永远不会得到启迪。

受害者心理（Victimhood）

不要因为我现在的样子而责怪我，一切都怪我的处境。

我大部分的工作时间都是坐在别人家里，听他们讲述自己的故事和观点，我对两件事情非常肯定。第一，只要你耐心倾听就能发现，每个人的故事都很有趣。第二，每个人都会分享自己的悲惨经历，每个人都是从阴影中走出来的，每个人都曾受过伤害、感到失望或被人误解。是的，每个人。

或许还有第三，尽管不是那么普遍：几乎所有人都努力不把自己太当回事，努力阻止自己陷入自怜，几乎每个人都知道世界上有比他们更不幸的人。

但你无法预料的是人们对待不幸和挫折的方式。那些看起来最平静温和之人会对"命运"怀恨在心，而那些看起来随性有魅力的人可能会横行霸道、仗势欺人，不停地对真实的或假想的敌人策划复仇①。

而另一些人，他们失去的东西、他们的悲伤、他们的不幸能让你潸然泪下，可他们只是耸耸肩，微笑地看着你，好像在说："你能做什么呢？别人又能做什么呢？"

有些人过着非常英雄主义的生活，例如那些照顾残疾小孩和老年痴呆症父母的人，去敬老院陪伴孤独老人的人，牺牲自己的事业来支持另一半或抚养小孩的人，他们甚至都不知道自己的选择有多英雄主义，而另一些人则痛苦地抱怨着他们被迫做出的牺牲。

有些人得过致命的疾病，却从来没有问过"为什么是我"，而另一些人不停地抱怨着他们遭受的不公，无论是疾病还是其他什么。有些人被父母、老师或上司欺负、骚扰、虐待或贬低过，却从未失去尊严和勇气，而另一些人却因此萎靡不振。

一切都是不可预测的。一切都是可能发生的人类行为。没有什么跟人的乐观与否、宗教信仰和年龄阶段有明显的关联。

一部分不可预测性源于运气在我们的人生轨迹中扮演着关键地位。是的，有些人无论身处何地，都能通过接受教育、锻炼和努力工作来改变现状，但另一些人却无法做到，因为他们没有遗传到足够的认知能力和情感能力来克服困难，还因为人类本就难以逃脱贫困陷阱或其他压倒性的劣势。

我们出生的时间和地点、我们的父母、我们的家境、我们接受的教育、我们能接触到的机会……这都是我们无法掌控的。我们会轻易地认为，我们取得的任何成功都源于我们的努力（或许还有基因），但事实远比这要复杂得多。

除非无可挽回，否则被命运之手左右并不等于被命运决定人生。

---

① 事实上，我觉得这是一种人性的法则：魅力是恶棍最喜欢的伪装，这也是他们逃脱惩罚的有效手段。

正如卡尔·荣格所说:"发生在我身上的事并不能决定我是谁,我是我自己选择成为的人。"

然而"发生在我身上的事"确实是我们最喜欢的"藏身之地"之一。看看我的生活有多难!看看我父母有多无助!看看我是怎么被对待的!如果我们陷于自怜,它便会成为一个"藏身之处",让我们沉溺于肤浅的、应激的受害者心理,而非认真思索我们将会变成怎样的人。

在《四十·肥胖·失业》中,奈杰尔·马什在描写他的中年危机时,描述了自己如何接受自己的过去,从他五岁时被他父母送进英文寄宿学校开始,似乎那里所有的一切都是不幸的:社交孤立和情感匮乏,失去家庭的温暖,因每天被嘲笑而遭受的情感折磨。正如马什写道:"从一个国家的监狱和学校系统能看出这个国家的很多本质。可以说,英国显然弄混了这两个地方。"

这本书的重点并不是马什艰苦的成长环境,也不是他在广告事业中的强硬作风对他健康和幸福生活的可怕影响,也不是他同样顽固的酗酒恶习。恰恰相反,这本书讲的是马什在40岁被裁员后,如何审视自己的生活,重新安排生活中的优先事项,并开启一条全新的道路。这个故事提醒了我们荣格的那句名言:马什没有让发生在他身上的事决定他是谁,而是选择成为他想成为的人。

拒绝受害者心理,就是将自己从过去中解脱出来,这样我们才能与内在的自我进行对话,寻求更真实的表达自我的方式。

露西的父亲患有轻度中风,他对此无所不用其极

当我父母分开后,我和弟弟很少跟父亲待在一起。我妈妈带着我们从一个地方搬到另一个地方,她似乎在寻找她的自我,我猜。因此我们很难跟父亲保持联系。

我二十多岁的时候在父亲生活的城市读硕士,因而我们恢复了联

系。我渐渐跟妈妈疏远了，她依旧在追求那个疯狂的嬉皮士梦想，这让我跟父亲的联系变得容易了起来。

我父亲在他五十多岁的时候得了轻度中风，医院给我打电话说他一切都没事，但他需要一个轻度康复计划，让说话和走路恢复正常。我去看过他几次，被他的改变所震惊了。

实话说，他像个骗子。在他成功商人的外表下，隐藏着糜烂的生活、糜烂的酗酒、毫不留情的个性和对顶级休闲装、最新款手机和豪车的沉迷。一开始我觉得这像是个玩笑，像是他故意做出的样子。最后我发现这就是我妈妈无法忍受关于他的事情之一。

重点是，他总是给自己塑造出强壮而成功的形象。但当我去医院看他时，他完全变了。他好像屈服了，关于中风，他说的比实际情况严重很多。我知道中风不是小事，至少是对身体健康的重要警示，但他的中风真的很轻。一开始，他说话还有点含混不清，走路需要人搀扶。但言语矫正专家和理疗师参与治疗后，他们让我放心，说一切很快就会恢复正常。

但我爸爸不信，他放弃了。另一件事情是，他开始说我妈妈离开他后，他独自生活是多么难熬。（顺便说一下，他从来没有独自生活过，这些年来他一直跟其他女友同居，那段时间我才在独自生活。）

这真的是受害者心理。他甚至开始管自己叫"中风受害者"，就好像从那以后他就打算这么定义自己了。我很吃惊，我告诉他不要用"受害者"这个词。

他只是对我说我不明白这对他是多大的打击。

无论如何，这些治疗师都出色地完成了工作。进行了一段时间的康复治疗后，我爸爸回到了家里，恢复得也很好。之后的几周，每天都有人上门给他做检查，给他带饭，但这都是预防措施。他还要去一个康复中心，他让我开车带他去那里做康复，尽管医生说他现在已经完全能够开车了，他真的没事了。

但从那时开始，他一直在用"中风受害者"来为自己的行为开脱。他会说"对我客气点，我是中风受害者，记住了"。有一次我对他发脾气，他抬起胳膊对我说："露西，停下，否则我的中风会复发。"

他似乎已经适应了这个虚弱老人的形象，生活也因此受到了影响。他有时会回去工作，并且开始谈论提前退休和出海的事，我觉得这一切都像是他逃避的借口，他似乎很害怕面对事实，不仅仅是关于中风的事实，还是关于他整个人生走向的事实。他似乎更喜欢扮演受害者。

很多人都会遇上疾病、裁员、离婚、贫穷、残疾等不幸，有人能够表现出极强的适应力，不会丢失真实、有爱的自我，但另一些人却会产生各种形式的受害者心理，他们认为自己理应得到更多，更希望别人来容忍他们的粗鲁、冷漠和以自我为中心，更容易因为"这一切都不公平"而感到愤怒。

这些人在受害者的外表下隐藏了什么？是什么吸引我们把自己刻画成受害者？除了想要得到更多的关注，也就是满足我们最基本的社会需求之外，我们是否认为受害者心理是得到他人关注的唯一方式？

这不是为了淡化那些陷于悲剧和不幸中的人的痛苦，他们需要同情、善意、理解，以及我们能给予的所有实际支持，但当人们选择扮演受害者时，他们自我反省的能力会减弱，我们同情他们的能力也会减弱。毕竟，如果人们沉溺于自怜，就不太容易吸引到更多怜悯了。

苏珊跨年夜的糟糕经历

我没有听从自己的正确判断，而是参加了我朋友的跨年聚会。我换上了最喜欢的黑色上衣和一条新的粉色长裤（这是个极大的错误）便出发了。我朋友跟她丈夫和超多小孩住在临港的房子里，我知道那会是个盛大的饮酒狂欢派对。

然而，很快就有人让我感到不适了，我碰到了我的前男友，他想找我去花园单独聊聊。

"你想谈什么？"我充满防备地问他。我们已经两年没有见面了，我们分手时非常痛苦，当时，虽然我也没有做出保持尊严、克制自己的典范，可他表现得极其糟糕，甚至现在回想起来，我依然觉得很受伤。

"哦，别这样，告诉我那些狗怎么样了？如果你没有什么别的要说，至少我们已经很久没见了。"随他怎么说吧。

恐怕我有点太言简意赅了："你不打算为你过去的行为道歉吗？"

"嗯？"他说。（这让我回想起他曾经也很喜欢说"嗯"，还是跟过去一样令人恼火。）

"你的行为。拿走所有的家具、书、音响设备。当我在别的州旅行的时候，给我留下那张奇怪的纸条。"我说了纸条上的几句话。

"哦，你还留着我的纸条吗？"

"我没说我还留着。"

他什么也没说。

"那你不觉得，既然我们现在都冷静下来了，或许应该道歉了？当然，我对我当时的极端反应感到非常抱歉，但我当时确实被激怒了，不是吗？"

"我不会为不该我负责的事情道歉。我当时都抑郁了，你不能怪我。"

"真的吗？抑郁？我不知道你抑郁了，你从来没说过。所以你是说你对过去发生的事情没有任何责任？你不用为你自己的行为负责？"

"这就是我想说的。谁都能看出来那不是我的错。我是说，任何能感同身受的人。"

"现在你还抑郁吗？"

"哦，不。它已经过去了。当然，它一直潜伏着。你永远都摆脱不了它，真的。"

"所以你说你当时抑郁了，你不用对自己的行为负责。但是现在，现在你不抑郁了，回头想想，你不觉得你现在应该道歉了吗？"

他只是耸了耸肩，笑了笑，那种微笑让我回想起了他为什么如此令人恼火。

我当时就进了屋，打算一整晚都避开他，在这种人潮汹涌的场合并不是难事。在所有人中，我的前任，魅力先生自己，扮演受害者。多棒的想法！

夜色渐深，但我们不能在跨年仪式结束前离开。所以当新的一年到来时，所有人都在那里，交叉着手臂，双手相连，排列出奇怪的形状，好像贪吃蛇在吃它的尾巴，我们一半人在屋里，一半人在屋外。

当友谊地久天长的歌声快要结束时，我旁边的男人，一个完全陌生的人，把我从人群中拽了出来，来到一个安静的角落，他紧紧地搂住我，吻我的嘴唇，并且开始揉我的屁股。我努力克制自己的动作，尽可能体面地挣脱了他，直视着他的眼睛，我低声地对他说："你再做这种事情试试。"

让我感到吃惊的是，他开始抽泣了起来，并开始用最卑微的方式道歉。他好像在拧自己的手。我觉得我必须听他说完，便没有走开。毕竟他在道歉，而我的前任连这一点都无法做到。

"这一切都是从我16岁时开始的，"他说，"那个女孩……"

我举起手来，"我不想听你的青春期性幻想。我接受你的道歉，但我警告你，如果你再这么对我，我就不会轻易放过你了。"

"不，你不明白，"他说，"这不是性幻想。青春期男孩……第一次，我是说……这是我的恋物癖。粉色的裤子，是那个女孩……"

"不要再说了！"我又说。

"我没法控制自己，尤其在喝了几杯酒之后，你让我感到兴奋，你穿着那条裤子让人难以抗拒。纯洁而简单。"

"我觉得'不纯洁和复杂'能更好地描述今晚发生的事。"我说，我多么希望自己已经在回家的路上了。

他又开始说话了，为自己辩护、解释，但我今天晚上已经受够了。我不想再跟一个醉酒的恋物癖患者争论我们到底谁是受害者了。我找到了我的朋友，对她说了新年快乐，便连夜逃走了。

有时即便我们是造成问题的元凶，我们也会用受害者心理来寻求逃避。我们或许会抱怨信息科技入侵了我们的生活，好像"这不是我的错，我只是必须回复这些信息的受害者"。又或者，我们答应了太多的承诺，没办法严格、理智地处理优先事项，我们可能会像个受害者一样说："哦，我太忙了，我不知道该怎么应付这些事，别人对我的要求太多了！"

有时受害者心理就像是某种殉道，这里的殉道并不是指人们为其信仰的事业而死，而是指在更平凡、更日常的情形下，人们因为别人对他们的要求而陷入自怜。或许因为工作与家庭的冲突，又或许因为照顾（或者担心）年迈父母的负担，还可能因为自我施加的过度压力。通过扮演殉道者，我们会让自己相信，我们有着某种英雄气概，我们值得赞赏和称颂，别人需要给予我们更多的认可和同情。

然而，当我们说某人是殉道者时，总是带有一丝嘲弄的意味，就好像我们能看穿这种姿态背后的真相。他或许是个承担太多却拒绝将责任分担给别人的人，又或许是个拒绝别人帮助的人，又或许，他拒绝承认（甚至不知道）我们所有人都需要偶尔为他人做出牺牲，无论是家人、朋友、邻居，还是陌生人，我们需要给予他们情感支持、鼓励和实际援助，这并不等同于逆来顺受。对他人的需求做出回应，是人类存在的深层次意义：我们应当携手与共；在很多时候，我们应当为了别人的紧迫需求，而把自己的优先事项放到一边。因为需要对他人承担责任，而把自己视为殉道者或受害者，这是在忽视我们灵魂的低语。

我们中间有许多真正的受害者，他们都需要我们的关注和支持：自然灾害、疾病、分手、裁员、失业贫困的受害者，甚至那些被没有耐心的父母忽视、虐待的人。无论在什么情况下，受害者理应希望得到别人的同情，但那些扮演成受害者，甚至把"受害者"的标签当作荣誉勋章的人，似乎需要另一种层面的帮助。

工作（Work）

对工作过度投入，便是与自我反省为敌。

关于工作的心理学解释，与人类心理学的其他领域一样，充满了非常多的矛盾和冲突。当我们试图用理论解释工作在生活中的地位时，我们很容易忽视个体在动机、观念和经验上的差异，而进行高度概括。我们的社会和文化背景都会影响我们对工作的态度，我们的心智层面，包括感知能力、情感能力的不同，还有我们的天赋、机会、抱负以及运气，都会对此产生影响。

我们可以毫不犹豫地说，工作是尊严和身份认同的最主要来源。我们在社会和文化的历史长河中不断进化，从狩猎和觅食到耕种、建造房屋、制作衣物，就是为了满足生存的需求（当生存得到保证后，则追求舒适），这便是工作的来源，而这也是职业道德的来源：做好分配给你的工作，以确保社会群体的生存和舒适。

随着人类的发展，工作变得越来越复杂精细，我们开始分配工作，付钱给他人以完成某个领域的专业性工作。例如，你来耕种谷物和饲养家禽，我来教育小孩，有人来生产衣物、汽车和娱乐产品，有人来建造房屋、管理银行。一开始只是为了生存的工作慢慢向着劳动雇佣和再分配的趋势发展，这种转变彻底而深刻，让现代经济的运转成为可能（包括以管理他人资产为主的新型工作领域）。然而我们对工作的态度却没有发生太大的改变。

"我们为什么工作"听起来像个愚蠢的问题，尽管在当代，答案非常多元化，但这个问题依旧值得一问。很多人都觉得，工作是完整的人生中不可或缺的一部分，每个人都应当在工作中尽一份力量，无论能否得到报酬，甚至在工作供不应求的时候（现在很明显）也是这样。还有人觉得失业会剥夺我们基于工作建立的身份认同，而且会严重影响我们的收入。当然，工作也能赋予我们对闲暇时光的向往：当我们没有工作时，我们便没有闲暇，因为如果没有"开始"，"结束"将毫无意义。

通常情况下我们为了收入而工作（但并不总是这样），我们还可能为了工作带来的满足感而工作，为了工作带来的重要社会身份（或许是最重要的社会身份）而工作。毕竟，"你做什么工作"是最受欢迎的寒暄方式之一，也是判断人们社会地位的最主要方式。

我们也可能因为害怕不工作会被社会责难而选择工作，可能因为别人依赖于我们的帮助而选择工作，可能因为我们需要维持自己向往的生活方式而选择工作（尤其是双收入家庭）。尽管我们不会大声承认，我们还可能因为把财富等同于价值，想要足够富有、被所有人高看而选择工作。

我认识一个高级官员，离异，没有小孩，她疯狂地投身于工作当中，把工作视为"伴侣和小孩"。因为工作排在她生活首位，她从来没有抱怨过工作时长。之后她再婚了，像是完全换了一种生活方式，她回想起自己"嫁给工作"的那段时间，非常清醒地承认道："我是因为不想面对我的人生的走向，才用工作来逃避。"

弗兰拒绝成为工作狂

当我钉钉子的时候，脑子里只有这一件事。之后在脑中出现的是下一个钉子。可以说，一天就这么过去了。结束工作后我筋疲力尽，有时会跟男孩子们一起喝一杯，尤其在星期五。我的丈夫扎克比我下班晚，所以我还需要去接孩子回家。我很累，但还是需要投入家庭。当他到家时，我开始准备晚饭，然后，我们中的一个会在睡前给孩子们讲故事，之后我会在电视机前调来调去，希望找到值得看的内容。我通常会在那个时候睡着，扎克不得不叫醒我回卧室睡觉。

第二天早起后，我会帮忙做早餐，再去工作。我脑中会出现更多要钉的钉子，无论是字面意思还是比喻。我喜欢这份工作，看到房子成型后，我会感到无比满足，当它竣工后，我知道它是怎么建成的，我知道自己对它作了哪些贡献。我会向所有人推荐这个工作，无论是女孩还是男孩，因为这是一个你能不断解决问题、定期完成任务的工作。这样的工作非常好做。

我哥哥在办公室工作，一天里大部分时间都需要盯着屏幕。这是一种完全不同的生活方式。他觉得永远没法彻底完成工作，因为永远都有新的内容。他也会觉得累，但和我累的方式不同，更多的是精神上的疲倦。对了，我们建筑工地上大部分时间都有广播，所以我们可以就政治问题或其他话题进行激烈的讨论，可以边说话边工作。

我想说的是，我完全被这份工作吸引了，它成了我生活中的一部分，从很多层面来说这都是件很棒的事。当然周末会休息，但我也想花时间陪陪小孩，跟他们一起运动或者做别的事，再加上家务和社交，很快又到周一了。我早上继续早起，带上工具七点半出发。

但最近我的生活发生了变化。我从几年前就开始上瑜伽课了。当时我的一位同事经常去，他说瑜伽课对身体的灵活性很有帮助。我觉得我的身材已经很棒了，可我还是去了，到现在为止我没有落下一节课。我甚至劝着扎克跟我一起去，他也很喜欢。

问题是，瑜伽比你想象得要有意义。你一开始，就像我一样，是为了身体的灵活性和放松才去做瑜伽的，通过呼吸和其他训练，然后，精神上的变化产生了。虽然我没有对所有人说过，但我意识到它能让你对很多事情敞开心扉，让你思考你在这个世界上的定位，以及我们与别人的联系，确切地说，不是生活的意义，但它肯定会让你思考你正在对你的生活所做的事。我和扎克做完瑜伽后，在开车回家的路上会进行一些很棒的讨论。其他时候，我们甚至不说话，都能感受到一种奇妙的平和感。

所以，我需要重新思考一下。我绝不会放弃木工活，我真的很喜欢这份工作，但生活中还有更多，我的生活中还有更多工作和家庭之外的事。你明白我的意思吗？我可能会变得肤浅，可能会思想受限，甚至可能会变得无聊……如果你过于投入所爱的事物，或者过于投入工作，都有可能变成这样。我想要更有深度的生活，这就是我想说的。

我不确定这么做接下来会怎样，但我确实在进步，我喜欢这样。

并不是每个忙于工作的人都会在周末主动放松，尽管弗兰害怕变成一个只知道工作的人，但她依旧关注于生活的其他方面，尤其是她的家庭。对她来说，工作是她骄傲感和满足感的来源，而非一种痴迷，更不是逃避方式。

但很多人会"藏"在工作中，就如同其他形式的忙碌一样，他们以此来逃避生活对他们的其他要求。长时间工作、把工作视为成就感和满足感的唯一来源、极度认同公司文化而非其他团体文化，都是以牺牲家庭生活、邻里生活与工作之外的友谊为代价的。

当然，如果我们没有工作，或者不喜欢自己的工作，我们很可能会沉迷于寻找合适的工作，排除那些看起来不重要的事，包括"寻找自我"。可是，寻找你自己或许是选择最适合你的工作时最重要的一个环节。斯特兹·特克尔（Studs Terkel）关于工作态度的经典著作《美国人谈美国》（Working），生动地讲述了一个痛苦的银行职员的故事，因为感到不真实，这名职员辞掉了银行的工作，成了一名消防员，之后便体会到了工作带来的满足感："这说明我在这个世界上的确还是做了一些事。"

即便那些并不理想的工作，也能满足我们大部分的社会需求，因此有些人非常不愿意放弃带薪的工作，这并不奇怪。我有一位调查对象回忆起退休的时刻，说："这是一种很强的空虚感。我人生的大部分时间都与这份工作有关，但突然间什么都没有了。我从哪里来？我感觉自己如果失去了这份工作，就有点无足轻重，甚至有点没用了。"

当然，并不是每个人都会这么想：我们有些人迫不及待地想要退休，从繁重又疲惫的工作中解脱出来，或许我们从来没喜欢过它，或许它让我们精疲力竭。但只要我们的工作大体上令人满意，它就很容易被我们用来逃避自我。

我的两位旧识，宝拉和马克，事业都很成功。他们都有着辉煌的职业生涯，并且在大多数人退休的时候，坚决拒绝离开岗位，这并不是因为他们不知道自己退休后还能做什么，而是因为……好吧，接下来是他们的故事。

为什么宝拉和马克不肯退休

宝拉和马克都在阿德莱德市出生，但如今他们已生活在完全不同的圈子里。他们都到达了自己职业领域的前沿，宝拉是学术领域的城市人类学家，很多年来都是杰出的公共知识分子，马克是英国广播公司的调查记者。

宝拉一直在努力追求公共关注，在所有人的记忆中，她作为一个成功的学者永不满足：从她职业生涯的一开始，她就在努力吸引媒体的目光，她会提前准备好几乎所有可能被问及的问题，包括她专业领域之外的问题。她近乎无耻地想要出名、引发关注、获得成功，她一直认为公共知识分子很难被人发现，她说"他们为此付出了巨大的努力"，而让-保罗·萨特就是"他们"中的一员，也是她最喜欢的例子：萨特为了出名放弃了教职，他最终成为一名公共知识分子。宝拉从未放弃过教职，但有一段时间，她有过一个帮她提升媒体曝光度的专职经纪人。

马克的职业生涯是从公关领域开始的，同时，他作为一名时装模特，事业也很成功，在这个职位上，他被一个电视制作人"发掘"了出来，去主持一个新游戏节目。马克参加了试镜，得到了这份工作之后，他终其一生都在追求成为媒体红人的梦想。

几年时间内，他就成为一档经济时事节目的代理主持人，之后，由于他想做更重要的工作，他开始自己寻找一些新闻。

在马克把自己打造成一名严肃的调查记者时，宝拉的学术生涯也跟预料中的一样，她没有得到副校长的职位。她说她不喜欢，她已经在学术界尽她所能升到最高的位置了。她也出版了一些严肃的学术著作，但让她的同事感到失望的是，她总是更愿意为流行媒体而非学术期刊写文章。最近，她还开通了自己的博客。

马克作为一名无畏的调查记者，名声非常响亮。他可以自主选择素材，现在他还经常被邀请写一些报道或评论。英国广播公司和澳大利亚本地的很多高级职位都向他抛出过橄榄枝，但他一直拒绝，说他害怕行政管理类的工作。他决定留在一线，如他所说，尽管一线采访越来越多地是在空调房里而非在非洲荒野或伦敦街道上进行。

他的电视生涯很早就结束了，海报上他年轻时的肖像不断褪色，他的头发变得稀疏灰白，他镜片的厚度甚至让观众感到不安，但他依旧抓着麦克风，好像自己的生活全部依赖它一样。

宝拉有过几次短暂的出国访学经历，她有不少同事都希望她能待在某个地方不要回来了。她在同行中不受欢迎，一部分原因是她赤裸裸的野心，另一部分原因是她本性尖刻。

现在她已经七十多岁了，她抱怨说，作为一名评论员，她依旧在四十年前已经取得成功的城市规划领域继续奋斗，但媒体曝光就像支撑她继续呼吸的新鲜氧气。

他们退休了吗？

最近，马克的一位朋友兼同行在马克录完一个报道后，跟他边喝红酒边谈心，那是马克六十九岁生日前的一周。

"你觉得是不是该到放松的时间了，马克？"她问，"你没法一直工作。"

"放松？不行，我希望自己拿着麦克风死去。"

这位朋友努力挤出笑容说："实际上，恕我直言，伙计，有时候你听起来就好像已经这样了。"

不知是不是幸运，马克似乎没明白那句话的意思，他依旧在思考朋友的问题。

"我不会退休，"他说，"那样我就得面对真正的自我了。"

宝拉的妹妹也问了宝拉关于退休的问题。"你要不要跟我一起去旅行，你从来都是为了工作旅行，从来没有好好玩过。我们可以在普罗旺斯住一年，怎么样？你不可能永远工作，一定会有更年轻的人需要这份工作。"

宝拉看着她妹妹，好像她疯了一样。"我不会退休，"她说，"否则我就得去寻找真正的我是谁了。"

两条截然不同的职业道路，两种截然不同的性格。然而马克和宝拉几乎用同样的话解释了他们不愿退休的原因。事实上，"不情愿"这个词并不准确，这更像是一种坚持工作的决心，以避免他们在人生晚年思索真实自我的本质。

毫无疑问，他们都会说"现在太晚了，什么都无法改变"，或者"我为什么要破坏自己这么多年来的平坦道路？这样的生活很令人满足"，或者他们会像我的那位官员朋友一样，声称工作是自己的伴侣和家人，他们也没有结婚。

他们的故事中都有悲剧的一面，宝拉和马克都没有想过，如果自己能从工作的"跑步机"上下来，关注自己的内在生活，或者简单地关注一下自己的人际关系，生活中会不会有更多的可能。他们都体会不到家人、朋友对他们精神状况和情感状况的担忧，他们在工作外的其他领域显然都很痛苦，他们都没有正视自己对感情关系造成的破坏，一个破坏了多段爱情经历，另一个残忍地抛弃了朋友。他们经常被人抱怨"一直以来工作就是（他们的）全部"，他们以前的朋友甚至家人都会因此觉得自己对他们不再重要了。

无论是不是公众人物，很多人拒绝退休的原因都跟马克和宝拉一样。他们害怕直面真实的自我，他们害怕自己可能发现的事实，因此他们坚持工作，说服自己拥有成功的事业就足够了，或者让自己相信他们已经竭尽所能。

或许，正如利用工作来逃避自我的人一样，他们害怕面对自己的不足和弱点。正是因为他们在工作中备受尊敬，所以他们很容易就能说服自己其他的事情都不重要。

讽刺的是，很多有能力把工作做到像马克和宝拉一样好的人，却没有人有能力做真实的自己，而不是扮演社会身份。

而那些为社会做出极大贡献的人，可能会用"这样还不够吗"来为自己辩解。但这个问题应当留给他们自己来回答。

还有许多其他逃避自我的方式：

我们通过激进的个人主义，逃避着我们依赖他人的事实。

我们通过尽情挥洒欲望，逃避着自己在爱情中的弱点。

我们决定积极面对所有事情时，可能是在逃避自己的真实感受。

我们在偏见中寻求舒适，却远离了能够改变我们观念的新鲜想法。

通过无尽的社交，我们分散了对内在自我的关注。

通过不停地旅行，我们或许能够加深对自己的了解，但我们也可能通过"有趣的地方"来逃避自我，让不同的风景分散我们的注意，避免陷入琼·狄迪恩所提到的与真实自我相遇的后巷。

通过暴力，无论是身体暴力还是精神暴力，无论是故意伤害别人，还是释放情绪，我们都有可能以此逃避自己的弱点，因为暴力通常是对弱点、不安全感和恐惧的补偿，我们也可能通过暴力，逃避我们无法用更好的方式与人沟通的现实。

有时，我们为了逃避自我，也会热衷于那些让我们抓住当下、关注外在的方式方法。它们可能是不错的建议，但我们的内在自我也是此时此地的一部分，"抓住当下"意味着我们在此时此地应当真实。

我们寻求"藏身之处"，是为了逃避或否认关于"我是谁"的真相，"藏身之处"越是舒适，我们越是难以自拔。然而对大多数人来说，总有一天，也许是个人的顿悟，也许是创伤，也许是典型的"中年危机"，为了自我的完整、忠诚和真实，我们需要摆脱自己对自己施加的束缚，我们需要被"发现"。当这一刻来临时，我们将会成为一个完整的、充满爱的人。

第四章

向内探索

向外看的人，有梦；

向内看的人，清醒。

如果你正在利用第三章所讲的"藏身之处"来逃避自我，现在是时候思考一下，你是打算为自由奋力一搏，还是打算继续隐藏"真实的自我"？

那些"藏身之处"之所以能吸引我们，是因为它们为我们提供了舒适的保护层，让我们尽情逃避，让我们避免与真实的自我对话，避免因此而感到痛苦。当我们习惯于此时，就会将它们视为自我的一部分：

哦，我知道我是完美主义者，我就是这样。是的，我是控制狂——我承认。

我知道我一直在通过旅游来逃避思索人生的目的——但每个人不都是这样吗？

我只是个工作狂，我非常爱我的工作——你要因为这指责我吗？

习惯成自然，我只是想继续做我正在做的事。

如果你认为你外在的社会身份已经足够了，你不想探索更真实的自我，因为它可能会逼迫你换一种生活方式；如果你决定待在庇护你的阴影中，而不是走进阳光下，结果会怎样呢？

前文已提到过，如果我们继续逃避，我们将会过上"大打折扣的生活"，它意味着我们否定或压抑了很大一部分自我潜能，被困在有限的情感和心理边界内，这种边界主要是基于别人对我们的看法和期望，而非我们自己的良知和性格。总而言之，如果我们无法对内在本质中的"温暖阳光"做出回应，忽略生活中关于爱的需求，我们的人性也将会因此削弱。

很多人都会让别人对自己的期望来决定自己的生活，因为顺从往往比勇敢坚持自己的信念更加容易。（当然，在一些情况下"入乡随俗"是应当的。）但是，如果你从来不反省真正的自我是谁、你能成为谁，我们不仅会遵从别人对我们的期望，甚至会用别人对我们的期望来规训自己。猜测别人的期望完全不利于你掌握自己的人生！

丹麦哲学家克尔凯郭尔认为，我们这种违背自我、假装成另一个人的倾向，是一种特殊形式的绝望——软弱和消极的绝望。他认为这种形式的绝望通常很难引起注意，因为我们在逃避自我时，可以一直戴着完美的面具，在物质层面取得成功，吸引赞赏和荣誉。他尖锐地写道，这些人可能"拥有很多财富、掌管企业、运筹帷幄……甚至名垂青史，但他们没有真实的自我。他们只是复制品。在精神层面，他们没有自我"。

没有自我？克尔凯郭尔描述的正是那些躲在阴影下的人，无论他们的公众形象如何，他们都拒绝了思考关于自我探索的深层次问题：你是为自己活着，还是为别人？你是否理解如海洋般宽广深厚的爱？——你也可以拥有这种爱，它能改变你的生活，能改变与你相处之人的生活。你有没有觉得你的人际关系更多的是基于得到而非给予？或者说，你也可以给予？

"绝望"这个词语或许有些阴暗，会让读者感到害怕，但在生活中忽略真实自我、无视爱与善良，最可能的后果就是绝望。产生绝望的原因或许并不明显，它也可能以各种伪装形式出现，例如，持续的不安、低落、抑郁、焦虑，或者令人饱受折磨的不满——它可能表现为对任何所求之物的无尽欲望。当代的绝望可以追溯到个人主义的崛起，即所谓的"自我文化"（Me Culture），它鼓励我们关注自我享乐与自我所得，而非通过与人相处、帮助别人，让世界变得更美好。

澳大利亚心理学家、家庭教育专家史蒂夫·比达尔夫（Steve Biddulph）用"创伤帮助"（wounded helpful）来说明经历过创伤的人在与人相处中会更有同理心。下面是塑料王特雷夫的案例，我们在第三章中提到过他，他陷害杰西并取代她成为"避风港"慈善机构的董事长。

塑料王特雷夫拿起电话

"杰西？我是特雷夫，请不要挂断电话。"

杰西停住了，意识到自己刚刚非常想那么做。但她天生的礼貌以及好奇心阻止了她。

"你好，特雷夫，"她的声音有一点颤抖，"真令人吃惊。"

"我知道。我打电话的原因恐怕也会让你吃惊。我不拐弯抹角了，我想要为几年前我在'避难所'对你做的事道歉，但我想要当面说。这两周你有时间跟我一起喝杯咖啡吗？当然，我不着急，可只要你方便，我想快点跟你见面。"

杰西只觉得自己好像在做梦，自从她跟"避难所"CEO玛丽那次令人不快的偶遇过后，杰西再也没有听到过任何关于"避难所"或者特雷夫的消息，她努力把这一切都抛之脑后。但时不时地，她回想起这些事时依然会感到受伤和愤怒。

"你还在听吗，杰西？"

"不好意思，特雷夫，你继续说。"

"所以……可以吗？跟你当面谈会比在电话里说更容易，或者短信也行，上帝保佑，我女儿最近就是用短信跟她男朋友提的分手。你觉得呢？"

这真的是塑料王特雷夫吗？杰西问自己。他的温暖善意来自何处？她甚至不知道特雷夫有一个女儿。她的第一反应是让他从电话里说就好了，但她突然觉得面对面谈话也可以接受。

"好吧，下周一怎么样？"

约定好时间后，杰西依旧处在震惊中，她很快拿起电话拨通了玛丽的号码。

"是玛丽吗？我是杰西。我刚刚接到特雷夫的电话了，到底发生了什么？他最近是信什么宗教了吗？"

"你好杰西，很高兴能接到你的电话。我本来想先打给你的，但我们上次的谈话结束得很突然，我不敢确定你会有什么反应。"

"好吧，我很抱歉。跟我说说特雷夫到底怎么了？"

"据我所知他并没有信教，但他完完全全变了。我不敢说他是否已经崩溃了，但他经受了很深的打击。他妻子病得很严重，几周前他觉得他要失去她了。她是他的一切，他没法承受她的死亡。他在我办公室哭过。"

"哭过？塑料王特雷夫？他得势的时候确实让不少人哭过。他妻子怎么了？"

"她依旧病得很严重，是一种罕见的癌症，不知道能不能治愈。但特雷夫感觉就像劫后余生了一样，现在他想要让所有事情回归正轨——包括他妻子，我想。"

"不得不说，他还真是对你知无不言，玛丽。"

"是的，这也是他的改变之一。他依旧八面玲珑，工作跟过去一样富有成效，但他整个为人处事的方式都……改变了，事实上，我觉得这么说没错。他也有温暖、有人性的一面，或许可以说有'灵魂'，过去我们从来都不知道。他是比过去好了很多，更真诚、更直率，也没那么大的野心了。等你见到他时你会发现的，他真的想跟你道歉，他会问你该怎么弥补你的损失。"

"好吧，我并不想要回那份工作，如果他这么想的话。但我对这一切都感到十分吃惊，当然我也为他的妻子感到难过。我会听他说完的，如果他真的如你所说，我肯定能原谅他。"

"生活从40岁（或50岁，或60岁）开始"

很多年轻人都会认真反省他们是谁，他们生存的意义是什么，他们想要成为怎样的人。事实上，年轻人这种探寻生命意义的倾向，会随着年龄的增长而更加强烈。因为他们跟我们一样，会逐渐认识到全球变暖、海平面上升、淡水和食物供应问题，以及人类居住地减少对人类生存的威胁。

但青少年和年轻人的关注点通常不在于对自我本质的反思，人们早年间更有可能致力于在自己所处的社会环境中建立个人身份，并为此做一些事情，或者获取一些东西：教育文凭、工作、房子、家具、汽车、宠物、时装风格、电子产品……通过这种方式，我们向外界展示出我们是哪种人，不是哪种人；通过这种方式，我们建立认同，并向外界表达自己的个性、风格、兴趣、地位，或者至少，我们渴望的地位。

萨莉·鲁尼《与朋友们的对话》中的主角说："我21岁时，并没有什么成就或物品能证明我是个严肃认真的人。"美国诗人安妮·塞克斯顿（Anne Sexton）在《巴黎评论》（*Paris Review*）中告诉芭巴拉·克伍蕾斯（Barbara Kevles）："我28岁之前，有一部分自我一直被埋藏着，我不知道除了做白沙司和给婴儿换尿布之外我其实什么都能做，我也不知道自己拥有任何创新的潜能。我想要的只是生活的一小部分，我只想结婚、生孩子。"

对于早期身份的构建，至关重要的是我们与他人建立的关系，无论是爱人、朋友还是同事。他们给予我们认可和接纳，帮助我们认清自己的身份。

年轻人对爱的想象主要是关于浪漫的爱情，可爱情与欲望的区别通常很模糊，对于性的渴望很容易压倒其他更无私的想法。粗略地概括来说，或者公平地说，年轻人比老年人更有动力、更有决心，而相应地，这会让他们远离精神层面的内在反思。

在《在后半生寻找意义》（*Finding Meaning in the Second Half of Life*）中，荣格派精神分析专家詹姆士·霍利斯（James Hollis）认为我们前半生中离开父母、建立个人身份的过程，是对于"世界要求我做什么？我利用什么资源才能满足这种要求？"的回应。

通常情况下，当我们安于某种社会环境时，这个积累外在标签的过程就会开始失去动力。这种社会环境包括家庭、工作圈、朋友圈和邻里，它们能帮助我们建立社会身份。此时，很多人会因意识到一个不同的、更深层次的自我而感到不安。因此，人们中年最喜欢说的一句话就是，生活从40岁开始！其中蕴含着新的期望与新的可能。

卡尔·荣格用一种轻松的笔调断言："生活确实是从40岁开始的。在那之前，你只是在做研究。"大多数进入40岁的人都知道"中年危机"的现象，它有时是种模糊的渴望，想要探索生活更深层次的意义和目的；有时是种突然的冲动，想要抛弃工作和其他责任，探寻更多其他的可能。建立性关系、购买象征性的红色跑车是这种冲动最俗套的表现。（参加合唱团、四弦琴乐队、读书俱乐部、尊巴舞蹈课、健身班、绘画班、诗歌班可能没有那么鲁莽，而且更有利于身心。）整容手术——或许是注射一点肉毒素，都会让你变得更加有吸引力。全新的发型也会带着活力甚至反叛的意味。海外旅游听起来非常诱人，它能帮助我们逃避枯燥繁重的琐碎日常。

有时，这种感觉更像是长期积累的压抑，而非突然的危机，尤其对于那些陷入代际"三明治"困境的人来说——他们上有老下有小，自己也想要过上充实的生活。"三明治一代"是一种现代社会现象，它主要源于寿命和首次生育年龄的增长。对带薪工作态度的变化，即女性将其视为与男性相同的身份与独立的象征，也助长了这种社会现象。

中年危机通常开始于一种混乱的、隐约的感觉——"生活一定不止如此"，或是我们对前半生取得的成就，对后半生能否"做得更好"的猜测与渴望。我们或许想要成就更多，或许想要做点不同的事。在这个阶段，我们甚至会开始思考关于遗产的问题，还有我们死后会遗留的问题。

但有时它的影响会更深。对很多人来说，中年危机意味着直面关于自我令人不快的真相，或许是"我不是我一直希望成为的那种人"，或许是"别人眼中的我和我自己感觉的我差距太大，让我非常难受"。

这些思考很少关于外在，"我不是我希望成为的那种人"不太可能指职业（"毕竟我希望自己能成为宇航员"），更不可能指财富或社会地位。几乎所有情况下，我是谁和我想成为谁之间的差异，都是关于内在自我的。

就我个人来说，我从20岁出头到40岁出头的这二十年，现在看起来就像是梦游，尽管我知道自己在这段时间结了婚，有了三个孩子，有了一份事业，有了三个房子，搬到了乡下，失去了我的父亲和三个亲密朋友，离婚，再婚。回头思考，我怀疑这二十年的时光像是被迷雾笼罩，因为在很多方面，我在这期间都在否定真实的自我。或许正如霍利斯所说，那只是个典型的年轻时期，当时的我更关心于建立个人身份，而非自我反省。

美国作家盖尔·希伊（Gail Sheehy）在其1977年的畅销书《旅程：可预测的成年危机》（*Passages*）中写道，"中年"是我们传统意义上"脱离身份，探寻自我"的时期。她还指出自我探索不仅关于"更强大的爱自己的能力"，还关于更强烈的拥抱别人的意愿。

是的，我是独一无二的我，但在我内心深处，我得承认我与他人是相互联结的，我明白个人主义猖獗所导致的情感危机和社交孤立的凄凉。或许中年的快乐之一，就是意识到自己与他人的界限比我们过去想象得更加模糊。

阿德里安不再假装

60岁时，我打消了我的妻子为我举办生日宴会的热情提议，"我受够了伪装。"我对她说，她看起来很困惑。我知道这样会伤害她的感情，但我决定从现在开始说真话。

事实上，这是变老之后最好的事（我喜欢称之为"不光彩地变老"）：你已经到了不需要假装的年纪，例如，你不用再假装自己喜欢生日宴会。（从小我就讨厌生日宴会，无论是我的还是别人的。）不仅如此，这也能决定别人是真正接受你还是选择离开你。伪装不再有意义。

我有几个真正的好朋友，数年来我们学会了磨合与相处。我有一个非常棒的家庭，我经常让我的孩子感到尴尬，我想这是意料之中的事。我与邻居相处得很好，在工作上我也有不少可靠的同事。

但这些年来我也会为自己的胡说八道感到内疚，我说过一些自己都不相信的事，只为取悦听众。我甚至会穿不舒服的衣服，就好像在故意假扮谁。我参加了太多的社交聚会，我不得不管好嘴巴以融入其中，往往会表现得过于礼貌。我妻子说这对我来说是好事，能让我更加文明。好吧，可那也是束缚。

可现在我发现我更像我自己了，像那个我所了解的简单直率的家伙。你知道吗？天并没有塌下来。我对人并不粗鲁，也没做什么疯狂的事，我只是觉得表达心中所想时更轻松了，这并不是冒犯，而是更加诚实，你完全可以用礼貌体面的方式做这件事。不再去管别人的反应，也不用为此担心，真的是一种巨大的解脱。

前几天我的妻子告诉我，我变得更容易相处了。怎么样！事实上，这引发了一场非常严肃的对话。朱迪和我通常不会谈论深层次和有意义的东西，她会在读书俱乐部谈论这些。这真的很有趣。原来这些年她一直都觉得我在隐瞒什么。现在我更加真诚直率了，这对她来说也是个巨大的解脱。

　　我问她我看起来是不是没有以前文明了，她坦然接受了我的变化，说我现在变得更有爱了。

　　詹姆士·霍利斯称，当我们意识到自己正在进入后半生时，通常是在40岁、50岁的时候，我们更容易意识到死亡的接近，并开始问自己与之前截然不同的问题："我的灵魂在渴望什么？""我活着的意义是什么？""除了我的身份、我的过去以外，我是谁？"

　　除了我的身份？除了我的过去？这是一个测试社会身份与内在自我之间有多少差异的有趣问题。为了最直观地感受这种差异，问问你自己"我是谁"，不要用跟你的身份或和你过去有关的事实来回答。

　　我的自我身份告诉我，我是父亲、祖父、兄弟、儿子。丢掉这些东西！我是丈夫。丢掉它！我是社会心理学家、是作家。也丢掉这些！我在唱诗班唱歌。丢掉它——这是你做的事，不是你是谁！

　　那么我是否可以说我是个男人？当然，我是个男人，这是生理层面与文化层面上关于我的事实，是我个人身份的重要方面，但性别认同与我们深层次、本质的自我没有任何关系。

　　有谁会认为，你的本质，你无法剥离、无法逃避的内在自我，取决于你的性取向、性别、政治立场、宗教、婚姻史、工作或其他构成你社会身份的东西？把所有这些都想象成我们所戴的面具，我们需要戴上这些面具来扮演不同的角色。如果你是伴侣、是父母，那你应该知道你在扮演不同角色时，应当有不同的表现。但最终，你依旧是你自己。

不要害怕"灵魂"这个词语

　　霍利斯提出的问题"我的灵魂在渴望什么"并不是宗教问题。"灵魂"也不是指神秘学概念——即，与肉身相对的不朽之物。"灵魂"

可以用于完全实用的、世俗的、日常的语境。毕竟,"心理学"的词源是希腊语中的"灵魂"(psycho)和"理法"(logos),世界求救信号SOS的意思是"拯救我们的灵魂"(save our souls)。

就如同我们用"心智"和"心灵"来描述我们内在的某一方面一样,前者指代思考层面,后者指代感受层面,我们也可以用"灵魂"来指代我们精神层面的东西。我们并不是用这些词语来表示这些东西存在的位置:事实上,它们都不是有形可见的东西。这些词语都是隐喻,用来表示无形但真实的概念。

"他没有灵魂"这句话并不会让人感到困惑,我们用它来评价一个缺乏感情、正直、价值观或同理心的人。我们也很容易理解"没有灵魂的城市"是什么意思,它表示一个缺乏人情味和社交活力的地方,充斥着钢筋混凝土的地方,人性得不到丰富和失去活力的地方。当我们需要进行"灵魂探索"时,我们知道它会比客观理性的分析更强烈、更深刻。当我们说某个人是"灵魂伴侣"时,意味着这段关系比平常的友谊有更深的情感链接和亲密程度。

一位合唱团指挥曾在演出前夕指责歌手说:"所有的音符都是对的,但没有灵魂。"合唱团成员完全明白他的意思和他想要的效果。他们按照提示,投入了更多的情感,给予了表演所必需的丰富性、细节和活力。

当我们说"不安的灵魂""困窘的灵魂""被折磨的灵魂"时,我们所表达的意思远比单纯的性格特征更加深刻,或许我们在用它评价某人的内在、性格或其精神内核。

说到"精神",澳大利亚作家和社会评论家(以及自称的无神论者)简·卡罗(Jane Caro)指出,很多人都认为内在生活是"灵魂的"或"精神性的"。在书中,她写到了她与心理疾病的抗争,她对神秘事物的感觉,她在面对生命奥秘时不加掩饰的敬畏和好奇,她对生活中一切遭遇的坦然接受,她内心的感恩,她对别人的信任,以及她帮助别人的决心……这些都反映了她的灵魂，让我们对卡罗的性格稍作了解。她写下这些话时，就好像能接触到她公众身份背后的自我。14世纪德国神秘学大师埃克哈特大师（Meister Eckhart）将这描述为"用心灵的眼睛看世界"。

"灵魂"不仅指代我们内在中美丽和高贵的一面。当合唱团指挥让他的歌手投入"灵魂"时，他指的不仅是明亮、乐观的东西。那些经历过痛苦、怀疑、恐惧、焦虑等感觉，甚至更深折磨的人，他们对"灵魂的黑夜"这个概念一定不陌生。

鉴于哲学家、心理学家和神经科学家甚至都不知道如何定义"意识"，美国精神病学家罗伯特·贝雷津将其称为"大脑的美丽幻觉"，因此，我们努力寻找表达"灵魂""精神""心智"或"自我"等概念的精确词汇，并不是什么令人吃惊的事。我们都知道，大脑和中枢神经系统在所有的人类体验中都具有非常重要的作用，但我们对精神性事物、神秘事物、内在事物的感觉，似乎只能用更加抽象与隐喻性的语言，而非客观理性的语言描述。

最后，我们甚至会用我们身体中电化学通路的神经元和突触来解释我们对自我、对灵魂的感觉。我不反对这种说法。安妮·哈灵顿（Anne Harrington）在《思维定势：精神病学对心理疾病的生理研究存在问题》（*Mind Fixers: Psychiatry's troubled search for the biology of mental illness*）中称，精神病学并不能像其声称的那样，证明心理疾病源于人体化学物质的失衡，尽管人们依然广泛接受这一观点。美国精神病学家加里·格林伯格（Gary Greenberg）在对这本书的评论中指出，"化学物质失衡导致心理疾病的理论可能不是科学观点，但作为某种常用的说辞，它非常成功[1]。"

---

[1] 弗洛伊德未被证实的观点——梦境能揭露我们隐藏的真相和秘密的想法，恐怕也是这样。

就目前而言，当我们谈论"灵魂"或"自我"时，只能接受这些词语的隐喻性用法。

做真实自我的勇气

如果我们想要坚定地审视自己的灵魂状态，勇气是我们最重要的品质。成为真实的自己，或许意味着我们需要更多同情与爱——这种前景充满诱惑，同时令人畏惧，面对这种前景时，勇气尤其重要。成为真实的自己是充满诱惑力的，也是令人生畏的，同时也需要我们变得更富有同情心，勇气在这时便显得尤为重要。

想想为考试学习的时候，学乐器的时候，刚开始做新工作的时候，被提拔到让我们感到紧张的位置上的时候，开始一段新关系的时候。当我们决定变得更真实、更忠诚、更正直时，我们都一样。这种改变不会在一夕之间发生，正如所有对我们大有裨益的经历一样，它有时也会让人感觉很难。

阿德里安的改变

让我来告诉你，是什么让我清醒过来，开始去做我妻子口中"更真实的自己"。我听到一位同事说，判断你人生中最重要事情的唯一方式，就是你对此投入的时间。

我开始思考：好吧，工作很重要，因为我得养家糊口。工作之外的事呢？当然，还有我所爱的人，尤其是我的家人。

然后我开始思考我在他们身上投入了多少时间。尤其是我的妻子。我不是指单纯跟她待在一起的时间，而是真正跟她接触的时间，即认真听她说的话。她经常对我说：你真的在听我说话吗？事实上，有一半时间我没有。

如果我接到我女儿从本迪戈打来的电话，我会问她一切都好吗，她会说："很好。谢谢你，爸爸。"然后我把电话递给她妈妈，她们能聊一个多小时。我想象不到她们在聊什么。这就是问题所在——我跟她们脱节太多，我真的想象不到她们能聊什么。

　　不仅仅是我女儿，我儿子差不多也是这样。这些年来，我想，他们都学会了如何跟妈妈倾诉。我总是太忙，太分心，或者太累。坦白地说，我不确定自己是否像个父亲。我知道如何工作，如何跟朋友相处，但我最关心的人——家人真的是我最关心的人，却是我最不容易建立关系的人。

　　当我妻子提醒我，我姐姐的生日到了，我应该给她打个电话时，这个问题发展到了高潮。我姐姐住在伦敦，她嫁给了一个英国人。当时我看了一眼手表，事实证明这个动作是一个错误，之后我妻子便说："你不会真的要告诉我你时间太紧，没法给你姐姐打个电话吧？你知道这是她第几个生日吗？"

　　这是她60岁的生日，我早该知道的，我们只差了一岁。

　　无论如何，我开始思考，意识到自己并没有那么忙。忙不是问题所在，如果是的话，这也太丢脸了。这只是关于我能不能停止假装自己是大人物，一个很忙、很重要、人人都需要的大人物，并接受我真正想成为的人是一个与我现在看起来完全不同的人。

　　所以当我听同事说如何决定人生中最重要的事情时，我开始思考我在最重要的事情中投入了多少时间，那些真正对我重要的事情。答案很可怕。因此，这是一个契机，能让我成为一个全新的、真实的自己，成为一个更让我妻子喜欢的自己。

　　自从我开始认真观察和倾听后，我发现我们这条街道上有很多有趣的人，以及很多需要跟人聊天的孤独老人。这是件简单的事，它有什么难的呢？做真实的自己越来越让我感到舒服了，我甚至可以偶尔对着镜子微笑。

我依旧没办法跟我女儿在电话里聊一个小时，但我对她的生活了解得比过去多很多。我也能听出她语调的改变，或许更温暖了？她是一个很可爱的人——我是说，除了作为我女儿之外。而过去，我从来没有发现这一点。

真实、忠诚、正直，这些都是崇高的理想，大多数人都没有像自己希望的那样完全得到它们。但是，它们不是一直在激励我们为之努力吗？我们难道不渴望拥有它们的生活吗？

但是，我们却一直在逃避。

当你诚实地面对以下三个问题时，或许能从不同的角度审视你的藏身之处。

我在害怕什么？

大多数人都害怕被拒绝、被羞辱或被嘲笑。人们很自然地害怕朋友反对、不被伴侣喜欢、工作得不到领导认可。我们甚至还会陷入范围更广的恐惧：害怕变老、害怕无家可归、害怕得绝症、害怕气候变化带来的灾难。有一些恐惧是合理的，而另一些甚至对我们自己来说都有点莫名其妙，因为它们发生的可能性很小。然而，这些恐惧对我们来说同样真实，跟那些合乎情理的恐惧一样。

与其焦虑哪些恐惧是合理的，我们不如用另一种分类方式，把恐惧分为预期型恐惧和抑制型恐惧。

预期型恐惧会激励我们采取行动，尽量减小或避免我们将面临的威胁。它会促使我们在恐惧到来之前采取积极行动，也就是典型的"战斗还是逃跑"反应。

例如，当我们害怕即将到来的风暴或森林火灾时，预期型恐惧会促使我们收拾行李搬家（逃跑），或者做好预防措施尽量减小损失（战斗）。当我们害怕有强盗破门而入时，我们要么跟他搏斗（战斗），要么躲起来（逃跑）。当我们害怕伴侣可能对我们失去兴趣时，我们要么寻找重燃激情的方式（战斗），要么想办法快速结束这段关系（逃跑）。对于气候变化的预期型恐惧，可能促使我们购买电车或氢动力汽车，少坐飞机（因为直接将二氧化碳排放至平流层是最严重的破坏环境的行为之一），减少能源消耗，更谨慎地循环利用物品，遏制消费主义式浪费（五个"战斗"反应），它也可能促使我们搬到塔斯马尼亚定居（逃跑）。

相对地，抑制型恐惧会让我们无力反抗，因为它所带来的威胁完全超出我们的控制，会让我们感到十分无助。例如，我们害怕核战争可能会使人类灭绝，我们害怕全球经济崩溃的后果，我们担心人工智能抢占我们的工作，我们害怕查出绝症的后果。抑制型恐惧意味着我们无力做任何事情，我们甚至会想要"听从命运的安排"。

这就是关于恐惧的奇怪之处：决定它是预期型的还是抑制型的时候，我们自身在判断中起到的作用至少等同于恐惧本身。对于气候变化的恐惧便是一个很好的例子，一些人会采取行动，而另一些人会把它视为一个巨大的、复杂的、超出个人控制的问题，他们摊开手，说"这取决于政府"，或者"我做的事情没法改变大局"，或者"现在做什么都为时已晚"。这种抑制型恐惧很容易发展成消极的宿命论。

对于"经济逆风"的恐惧促使一部分人变得更加谨慎，尤其在借贷方面，而另一些人则认为"由于我没法控制这件事，我还是该怎么生活就怎么生活"。面对人工智能抢占工作的恐惧，一部分人会陷入抑制型恐惧，束手等待裁员的斧头落下，而另一些人则会选择新的工种。对于考试的恐惧能够激励某些学生，也能麻痹某些学生。

在家庭中，对伴侣家暴的恐惧可以是预期型的，它会促使我们寻求咨询师的建议、原生家庭的支持，或者直面对方，或者计划逃走。它也可以是抑制型的，我们只能无助地耸肩，在面对伴侣的愤怒时

"原地僵住"，或者干脆不再有情绪波动。

对死亡的恐惧可以是预期型的，也可以是抑制型的。英国佛学家斯蒂芬·巴彻勒反省了我们因生命的不可知性而产生的焦虑，他在《飞行》（*Flight*）中指出，"我们似乎很难适应'生命'这种现象，尤其当我们想到它意味着不可避免的衰老和死亡时。"由于死亡是生命中唯一能够确定的事，对死亡的预料能够激励我们充实生活、不负此生，但是，如果我们因此陷入抑制型恐惧，我们就会被碾碎，成为虚无主义者，拒绝任何事物的意义，被无助和绝望所湮没，因为我们一想到自己终将死亡，便会感到消沉和沮丧。

当我们想要离开"藏身之处"时，需要在两种不同类型的恐惧中做出选择，一种能让我们出来，而另一种会让我们重新陷入泥淖。我们害怕不诚的生活会损害自我的完整性（尤其当我们想让所有人相信我们就是自己表现出来的样子时），我们也害怕直面本质的自我可能意味着要面临一些困难和令人痛苦的改变。

选择权在我们自己。在意识到没有活出真实的自我时，我是采取行动，还是因为安于现状太久而什么都不做？从长远来看，如果我对自己更诚实，也对伴侣、朋友和家人更诚实，从而获得心理自由，我对自己的感觉会变好还是会变差？（答案不言而喻。）

我想要证明什么？

当我们问别人"你想要证明什么"时，通常意味着对别人的动机是否纯洁表示怀疑。就好像在说："好了，我知道那不是真实的你。你为什么要假装呢？你为什么要这么努力地立人设呢？"

当我们怀疑自己用忙碌或完美主义来逃避自我时，当我们屈服于成为另一个人的想法时，当我们为了获得赞赏而做某件事时，最好问问自己这个问题。

"我想要证明什么"也可以用来纠正傲慢自大甚至愚蠢！如果你已经加入三个委员会了，你还想要加入第四个，或许你应当问问自己：我想要证明什么？证明我是个超人？证明别人没法做我能做的事？证明我的自尊取决于别人让我完成的工作？证明我希望人们更加喜欢我？

如果你真的想要慢下来，让生活更简单，可你却一直在疲于奔命，让生活更加复杂，试着问问你自己：我想要证明什么？如果你下定决心继续写你一直想写的书，却总是接受其他让你分心的邀约，问问你自己：我想要证明什么？

与之密切相关的问题是：我想要给谁留下好印象？为什么我宁愿给别人留下好印象，也不愿坦诚地面对自我？为什么我没法拒绝别人，甚至我在应该拒绝别人时也是如此？为什么我要假装成另一个人，而不是做我自己？

最后，所有这些都会归结为一个问题：我在逃避什么？

我在弥补什么？

这是三个问题中最棘手的问题。它要求我们承认人性中的某个真相，即有时我们会做些什么或者说些什么，来弥补我们的弱点和不自信，来弥补我们尚未解决的愧疚，来弥补我们对充满同情心的生活的抗拒，而这是一个正直、文明之人应有的生活。

在"城市的尽头"，有时你也能发现这种现象：一个慈善家可能通过表面的慷慨慈善，来弥补自己从事的残忍无情的商业活动。通常人们会说这是"回馈社会"，好像它在道德层面值得宣扬，事实上，这更像是一种心照不宣的默契，"我多拿了我应得的东西，所以我最好把其中一些还回去"。

但是，不是只有富人和有权势的人会用慈善的外表来弥补他们的阴暗秘密或肮脏交易。(可无论如何,他们的慈善行为对于受益者来说仍是好事,尽管他们的动机可能出于自大或补偿。)所有人都会用某种外表来隐藏自己的缺陷:我们希望自己的"好作品"能让别人对我们的评价更仁慈;我们假装比真实的自己更真诚、更谦逊;我们给别人留下"好人"的印象,让别人不再关注自己性格中不好的部分[1]。

通过弥补的形式向别人隐藏真实的自我是一种冒险的方式,因为这给别人留下的印象可能会被揭穿:"我真的以为她在意我的最大利益,直到……"。但更大的风险是:这会让我们相信自己所说的假话,并且在此过程中,这会让我们忘记自己还未过上充满爱的生活。

英国儿科医生和精神分析学家唐纳德·温尼科特(Donald Winnicott)在《游戏和现实》(*Playing and Reality*)中写道:"逃避能够得到快乐,但永远不被发现则会是一场灾难。"为了更好地理解这句话,想想孩子们最喜欢的捉迷藏游戏。寻找藏身之处的挑战,躲藏时的兴奋,听见捉人者在附近徘徊时不断增加的刺激感,所有这些都是为了推动最终被发现的高潮,这便是这个游戏的意义。想象一下,如果捉人者对找人失去了兴趣,去做别的事情了:"没有被找到"的人就好像被抛弃了。

跟很多儿童游戏一样,捉迷藏也揭示了某种关于人性的真相:尽管我们喜欢躲藏,甚至躲避我们自己,但"被找到",也就是发现真实的自我,是人生的一大乐趣。

---

[1] 格劳乔·马克斯(Groucho Marx)说:"生活的秘诀是诚实和公平交易,如果你能假装,你就成功了。"

第五章

停止逃避

真理必使人自由。

进入21世纪后，我们已经习惯了把谎言当作见怪不怪的真相，把"标签"看得比实质更加重要，在社交媒体上展示自己，就好像我们是需要被推广的品牌。在这种文化背景下，我们愈发擅长逃避自我，向自己隐瞒关于自我的真相，这一点都不奇怪。

有时我们不愿意面对真相情有可原：有人不想听到关于绝症的真实报告，有人不想让伴侣评价自己不好的一面，我们只想听到工作中的好消息[①]。

但大多数人都知道，在我们内心深处，这种谎言，甚至半真半假的谎言会像监狱一样将我们俘虏，尤其当我们自己也在说谎时。一旦我们假装认可某件与事实相反的事，我们便会坚定地支持这个编造的版本，并编织出任何谎言来支撑它。

逃避自我便是如此。我们欺骗自己，让自己相信我们就是别人以为的那种人，或我们幻想的那种人。当我们让自己相信，我们的藏身之处十分安全时，我们便会害怕，面对真实的自我会让这种安全感受到威胁。

事实上，拒绝逃避的唯一方法便是追求真相。它不言自明的力量早已使它广泛用于其他场合——从美国中央情报局总部入口处的大理石刻字，到各种学术大厅。无论是天文学还是动物学，所有教学研究背后都蕴含着这样的命题：我们寻求真理，是因为它能将我们从偏见和误解中解救出来，获得自由，这种偏见和误解限制了我们对世界和对自己在其中位置的理解和认知。

---

① 没有作家喜欢负面评价。正如英国作家安东尼·杰伊（Anthony Jay）所说："作家只想在评论中看到六千字的贴切赞美。"

罗伯特·贝雷津写到，真实自我与社会身份之间的差异会对我们产生消极影响，包括让我们对自己的内在本质感到困惑。通常，我们问自己"我是谁"，是因为感受到了两种自我身份之间潜在的矛盾，可又没能完全理解这种矛盾的来源。停止逃避意味着我们需要消除这两种自我身份之间的差异，从而消除困惑和紧张。

如果"真实的自我"阴暗或丑恶该怎么办？

任何一个思考过"人性"的人，都会说我们是善与恶、好与坏、高尚与卑鄙的结合体。这种矛盾的结合是人性中共通的一部分。它并不意味着所有人都会做坏事，而是意味着有时我们做坏事的冲动会跟做好事的冲动一样强烈，甚至更加强烈。

如果把自我比作"太阳系"，那其中的行星会冷酷无情地运转到背离太阳的一面，来考验我们的同情心，让我们直面自己不好的一面。甚至当行星运行到阳光下时，也会出现许多黑暗的阴影，让我们得以躲避内在"太阳"的光和热。我们知道阴影在哪里，因为我们时不时地就会在其中寻求庇护。在仇恨、嫉妒、复仇或偏见的阴影下，我们便远离了爱的能力。

如果我们将真实的自我释放出来，我们可能会失去所有朋友，可能会更不快乐，更难被社会接受，变得鲁莽、不负责任、没有约束，甚至危险。心理治疗师非常清楚人们的这种恐惧，有时，我们大多数人也能感受到它。卡尔·罗杰斯几乎所有的客户都是这样："如果我让内心的真实感受肆意流淌，如果我有机会将它们释放到生活中，那将会是灾难。"相似地，我经常听到人们说，如果不是因为信仰宗教，他们会变得更加野蛮，就好像这会让他们内心的恶魔不再受控制。

两个有力的观点驳斥了我们在面对自己的阴暗面时会遭受伤害甚至灾难的论断。第一，我们不止有阴暗的一面——行星是转动的！当我们开始探索自己的内在时，我们便会发现自己美好、有爱的特质至少跟阴暗的特质一样多。没有人是完全黑暗的，也没有人是完全光明的。每一个圣人都是罪人，每一个罪人心中也有一个圣人，如果有机会，这个圣人能让他们变得更加崇高。无论我们现在是什么人，无论我们感觉自己有多"黑暗"，人性中的爱之光都会永远闪耀，它存在于我们的内在当中，如果我们能意识到我们的"阴影"也来源于此，就会受益更多。我们的阴暗面来源于我们爱的能力。

当我们开始探索自我时，震撼我们的不是阴暗的想法和冲动，而是我们心中善与恶的混杂。我们所有人都在经历这样的挣扎：我们想要更加文明、更有同情心，但有时会屈服于嫉妒、仇恨和愤怒。我们或许都想要完全释放自己的愤怒，可更善良、更高尚的想法阻止了我们。

无论是大事还是小事，我们都会有这种挣扎。人们可能出于同情和怜悯，想要对患有绝症的父母进行安乐死，然而却可能会屈从于外界的疑虑——如果他们这么做，别人会怀疑他们不堪忍受情感折磨与经济损失，对父母产生了不耐烦和怨恨。人们可能决定加入议会的安全席位，为社会做贡献，但也可能会超过席位的有效期，从而得到更多的经济补助。人们可能会说他们不想要孩子，是因为世界的现状骇人听闻，未来难以确定，但他们可能会私下承认，他们不要孩子的主要原因，是担心孩子会拖累自己目前富裕、舒适的生活。人们可能会为了追求恋人，而故意表现出善良无私（"哦，我喜欢有爱心的男人"）。我们的动机很少是简单纯粹的，我们性格的多面性无可避免地会让我们感到紧张和拉扯，就如同我们相互冲突的欲望，例如控制欲和爱欲一样。

第二，如果我们试图忽略、压抑或者否定我们的阴暗面，这是最容易产生危险的一种情况。想要理解为什么会这样，我们不需要全盘接受心理咨询师关于潜意识的观点，我们只需要观察生活中人们的正常欲望没有得到满足时会发生什么。当孩子被管教得过于严苛时，他们会为了得到想要的东西而变得狡猾。当规章制度过于严厉时，我们会为了打破规则而寻找漏洞。

所有这些欲望受挫时，都会变得十分丑恶。例如，我们拒绝认可别人，可能是因为我们自己从未被人认真对待过。我们嘲笑别人的理想，通常是因为我们自己的信念曾被挫败。如果我们的归属感和我们想要被接纳的渴望没有实现，我们很可能会产生极端的孤立与敌对情绪，从而引发冲突。我们不愿去爱人，可能是因为我们被爱的渴望从未实现。

如果我们假装自己没有阴暗的想法，我们很快便会发现，当它们被压抑时，会对我们产生极大的负面影响，它们所导致的恶劣后果可能会让我们大吃一惊。暴力、背叛、欺骗……这些都是愤怒、失望、嫉妒等阴暗情绪爆发的体现，或许是因为我们没有坦诚地承认它们，没有妥善地处理它们。

我们有多少次听别人谈到感情破裂时说："我没想到会这样。"这种灾难性的事件毫无征兆地发生，是因为危险的信号全部被故意隐藏起来了：当轻微的恼怒不断积累，发展成溃烂、阴暗的怨恨或挫败时，如果它们没能得到及时解决，发生大爆发的可能性就会越来越大。然而，很多人都能证实，我们所怨恨的人往往意识不到我们心中正在酝酿对他们的风暴，因为我们只学会了假装，而非承认敌对情绪。

要想阻止这种压抑的情绪最终爆发，唯一的方法便是面对心中的恶魔，并将它视为我们的一部分，而不是什么需要否定或掩藏的东西。一旦我们的阴暗面被自我反省照亮后，我们便能更加得体地处理它们，而不是等待它们在压力下爆发。如果我们直面并反省心中存在的暴力，便能更容易地控制自己不使用暴力，尤其在我们感受到它之前。如果我们承认自己的恐惧和焦虑，便能更好地处理它们，因为我们跟所有人一样，在生活中难免会遇到恐惧和焦虑。

当我们承认人性的阴暗面存在于自我当中时，我们便能更有效地处理它们，因为我们内在的本质是爱的能力。

金直面自己的傲慢

　　治疗是一个非常痛苦的过程，对付爸爸的老年痴呆症也非常痛苦，但我觉得我在慢慢变好。很明显，这不是爸爸的错，可直到我跟治疗师谈话时，我才意识到我在无意识地责怪他。

　　我们就"傲慢"进行了许多次谈话，我想我最后终于意识到了它的破坏性，它对我和我身边的人来说都很不好。治疗师认为这可以追溯到我内心深处的好胜心——我想赢，想在每件事情中做到最好，甚至想在工作方面比我的伴侣更出色。当她这样说时，实话说，我觉得自己很渺小、很愚蠢，尽管她一直告诉我这不是我的错。这归结于我是家里的次女，我一直想超越我那个超级酷、超级聪明的姐姐。从头至尾她都是最棒的，在我出生之前，我的父母把全部身心都投注在她身上。

　　我知道这几乎就是教科书上的典型案例，这几乎有些可悲，它太典型了，而且完全能预料！听起来就像是老生常谈。责怪我姐姐没有用，她只是在做她自己。实话说，我小时候她对我非常好，关于彼此，她比我有更多值得抱怨的事。毕竟，是我入侵了她那小小的舒适空间。

　　我还有两个弟弟，好吧，他们比我小，我一直觉得我比他们强。

　　我妈妈非常支持女性解放运动，但这对我来说并没有帮助，我和我姐姐从小接受的观念是"女孩能做她们想做的任何事"。我觉得我的弟弟们并没有受到这种鼓励。无论如何，现在妈妈已经去世了，爸爸得了老年痴呆，责怪他们有点过于残忍了，而且这根本无济于事，不是吗？

　　我的治疗师认为我的情感停留在了青少年时期，因为那时是我人生中最后一次所有事情都按照我的意愿发展。我是班里的尖子生，非常聪明，是网球队长，很受男孩子喜欢，获得了大学奖学金，还有不少作品。我爸妈也经常对我说我很棒，我当然愿意相信他们。就好像我能将这个梦做下去一样。从青少年的角度来说，我确实一直做着这个梦。但治疗师让我意识到，我只是不想面对成人世界的要求。

在某种程度上，我想要一直保持十七岁。那是我姐姐离开家的时候，毋庸置疑地，我成了家里最优秀的孩子。

但当我上大学后，我不再是那个出色的孩子了。之后的工作、伴侣、孩子，我依旧认为我需要在所有事情上做到最好。这或许就是为什么我会因为我女儿对超市里那个女人和我父亲那么好而感到生气，那时我知道自己就是个浑蛋。

承认这一点非常痛苦，但我可能是为了证明我比姐姐优秀，所以才一直想要努力做到最好！当事情没有按照我的预期发展时，我用傲慢掩盖了自己的失望和挫败。贬低别人也能让我感到优越。现在我甚至想想都会觉得难为情，怪不得我的同事都不理睬我。

不管怎样，我们正在处理我好胜心过强的问题，治疗师认为这是我人性中相当黑暗的一面。她说，我不应当否定我心中这种强烈的好胜心，而应当面对它，并试图找到它的根源，让它保持正常的水平，也就是用性格中的其他部分来平衡它，我有很多不错的性格特质。

我们还有一段很长的路要走，但我比一开始哭得要少了。不过为了以防万一，我的治疗师总是会在桌上放一盒纸巾。

承认我们有阴暗的一面，并不等同于做阴暗的事情，相反，承认它们会更容易平息它们，防止它们造成太大伤害。罗杰斯很好地诠释了金的心境："我们越允许它们自由地流动，越能保持情绪的稳定和平和。"是的，"真实的自我"是阴暗的，有时甚至是丑恶的，但好的一面是，它也是阳光的、明亮的、美丽的。

我们无法选择产生的情绪，但我们可以选择处理它们的方法。当我们接纳它们为自我的一部分，并找到它们产生的原因时，我们便能更容易地解决它们。

有时，平息愤怒的最好方式是向对方坦白——"这么说很抱歉，但你真的让我非常生气"，然后再去反省为什么自己的愤怒会这么强烈。有时缓和恐惧的最好方式是承认我们很害怕，然后再去思考我们能否将抑制型恐惧转化为预期型恐惧。有时释放诸如嫉妒、愤怒、怨恨或绝望这样的负能量最好的方式，是出门散步思考。否定它们才会产生真正的大问题。

内在的自我不仅与我自己有关

19世纪英国圣公会牧师亨利·梅尔维尔（Henry Melvill）[①]有一句名言充分表达了人类需要相互联系和相互依存的观点："你不能只为自己而活，一千根丝线将你与你的同伴连接在一起，这些丝线就好像能传递感情一样，你行为的一切影响都将作用回你自己身上。"

南非大主教戴斯蒙·图图（Desmond Tutu）也表达过相似的观点："我们生活在许多归属之中。"也就是说，人类是群居性动物，如果我们与群体切断联系，便会感到紧张、绝望，或产生不良行为。

看看我们不与他人接触时会发生什么：司机独自坐在汽车里的时候，会比跟别人面对面接触时更加冲动；有社交孤立倾向的人在跟别人互动时，会表现得更加粗鲁和不耐烦；有反社会倾向、自我孤立的年轻人，更容易被各种形式的激进主义吸引。

这样的行为绝不是我们的典型行为：我们本质上并不自私，也并

[①] 不是《白鲸》（*Moby Dick*）的作者赫尔曼·梅尔维尔（Herman Melville），人们引用这句话时经常将两人混淆。

不是只有在社会压力之下才会表现得更加文明。事实恰好相反：作为社会动物，我们天生的倾向便是保持社会团结、合作与利他，其他种类的行为才是违反常理的。当我们陷入社交孤立、没有归属感、不被社会接纳时，通常正处于最差的状态。

可这是个复杂的难题，不是吗？我们又是那么自我、那么独立，有时甚至不想承认，更不要说喜欢人类完全相互依存的事实。可我们是彼此的一部分，拥有共通的人性。我们属于彼此。融入社会是我们唯一的选择，除非我们出于各种原因想要逃进隐居生活当中①。

承认人类之间的相互依存，并不意味着我们不需要进行自我反省与自我探索。但它却提醒我们，自我反省并不是自我沉浸或自我关注。它与自我沉溺的乐趣无关，相反，它意味着一个引人注目的发现——在宇宙层面上，你我无法分开。

之后会发生什么呢？非常简单：当我们遵从真实的自我生活时，别人也会因此受益。在莎士比亚的《哈姆雷特》中，波洛涅斯给他儿子的建议充分说明了这一点：

"尤其要紧的，你必须对你自己忠实；
正像有了白昼才有黑夜一样，对自己忠实，才不会对别人欺诈。"

还是这三件事：真实、忠诚、正直。当我们过上更真实、更有爱的生活时，我们会摆脱虚伪的表面，不仅会与自己更加接近，也与别人更加接近；当我们接受自己时，我们也会更容易接受别人；当我们承认自己的弱点时，我们也会对别人的弱点更加宽容；当我们承认自己的阴暗面时，我们也会意识到别人也需要应对这些东西。

---

① 很多人都会时不时地向往隐士的生活，可当我们意识到自己需要在当地商店方便地买一升盒装牛奶，或许还需要商店里那些"讨厌的人类"为我们提供周到的帮助时，这个念头就会消失。

我们还会发现，当我们的真实自我传递出同情与爱时，如果我们能把它们付诸行动，便能更加接近真实的自我，就像是一种循环。当我们意识到这种双向流动时，便能真正理解圣雄甘地这句名言中的智慧："发现自我的最好方式，便是投身于为他人服务之中。"

我思，故我在……我爱，故我在

17世纪法国哲学家勒内·笛卡尔（René Descartes）的名句"我思，故我在"是西方哲学的基石之一。

许多20世纪的哲学家不喜欢这个命题，因为它用了可怕的单词"我"，他们认为笛卡尔仅仅是在观察"思考发生"。抛开这种哲学上的争论不谈，让我们接受这样一个现实——思考是意识的标志，意识是我们存在的标志。

但除非我们想要自杀，否则，我们在逃避自我时，并不是想要逃避自己的存在，也不是想要逃避自己的意识，不是吗？它意味着我们的本质正在困扰着我们，或者让我们感到害怕、尴尬，或者给我们带来挑战，让我们想要找个地方躲起来。

这本书重复出现的一个主题是：我们共同属于人类这个物种，它意味着我们需要友善地对待彼此，因为我们的生存依赖于我们在这个星球上找到一种平静、和谐的共存方式，我们并不能只顾眼前的利益，而要考虑我们子孙后代的未来。这不仅关于我们与他人的交往，还关于我们对他人的态度，因为他们跟我们共享资源，共同生活在地球上。如果没有同情与爱，一切都将变得混乱，我们最终会走向灭亡。

我们每个人有着不同的性格，因为我们有着不同的基因、不同的经历。但当我们探索内在的本质时，便会发现我们与自己所属的群体、与我们的族群不可分割。同情与爱是我们内在自我的一部分，我们自我中的其他部分都没有它重要。作为人类，我们拥有这种共通的人性。

过于关注自己的独特性，可能会使我们忘记我们的族群需要我们联系彼此，为人奉献，学会去爱。美国临床心理学家约翰·威尔伍德（John Welwood）说道：

如果说不好的一面是，我们对别人的了解只能像对自己的了解一样深，了解自己的过程非常漫长而艰辛，那么好的一面是，爱能够帮助与激励我们增加对自我的了解。由于这个原因，人际关系跟其他方式相比，能够帮助我们更快速、更深刻地了解内在的自我。

我爱，故我在。这或许是描述真实、完整的自我的最好方式，因为同情与爱是"灵魂"最纯洁的体现。拥有了它们，我们才能无条件地爱人，宽容地体谅别人，认真地倾听别人，并给予别人温暖的回应。

我思，故我在？思考也非常棒，但正如历史所显示的那样，人们可能通过思考，从而撒谎、欺骗、偷窃、忽视邻居的需求、忽略自己的孩子、欺负同事，甚至苛待父母。人们可能通过思考，从而伤害他人。

而相反，爱人意味着我们忠于人类的最高理想，这也是测试我们文明程度的黄金法则。爱，各种形式的爱，是丰富生命意义最重要的源泉，也是获得情感安定、心灵宁静和自信的钥匙。将爱付诸实践，无论是在人际关系中、在工作中还是对待陌生人时，都是我们对构建美好世界所作出的最积极、最持久的贡献。

如果我们让其他东西，例如受伤的自我、挫败、恐惧、压抑、失望，甚至小小的胜利，阻碍我们发掘关于自我的真相，这将会是一个悲剧性的讽刺。这个真相会让我们得到自由——即我们关于爱的能力，存在于自我的核心当中，只因我们是社会动物。

在《下一次将是烈火》（*The Fire Next Time*）中，詹姆斯·鲍德温（James Baldwin）用面具的隐喻表现了同情与爱如何改变我们的生活："爱能让我们摘下我们曾得以生存的面具。我用'爱'这个词语，并不仅仅是想表达一种个人感觉，还想表达一种存在状态，或者说一种高贵的状态。它并不存在于美国人可笑的幸福感中，而是存在于坚韧而普遍的探索、勇敢和成长当中。"

正如同宇宙中的暗物质会将不同的星系分开，但同样的光亮又会让它们聚到一起，我们被不同的个人身份所区分，但却因为共同的爱与同情而产生联系。最后，无论是字面意义上的还是隐喻的，我们都生活在同一片阳光之下。

后记 "我们只能通过爱而学会爱"

假设我们想要找到更真实的表达自我的方式……

或许对别人少一点挑剔

或许在谈话中跟别人产生争执时，更勇敢地表达自己（但也应该更有礼貌）

或许在性关系中更加诚实（但也应该更关心对方的感受）

或许要克制自己的傲慢，培养与真实自我相称的谦逊

或许更愿意承认自己的错误和缺点

或许更容易原谅曾经薄待、冒犯过我们的人

或许要多加克制

或许在事情没按照我们的预期发展时，尽量不要自我幻想、否认现实或进行投射。

正如英国小说家与哲学家艾丽丝·默多克（Iris Murdoch）所写："我们只能通过爱而学会爱。"人际关系是培养同情心最好的老师。我们只能在实践中学习，人际关系是我们的训练场（尽管它有时也像战场）。尤其当一段关系触礁时，甚至当这段关系正在瓦解时，用爱来处理它，对别人表现出始终如一的善意与尊重，是理解同情心如何发

挥作用的最好方式。

正如同一切有价值的追求一样，这需要实践。没有人会假装带着爱去生活是一件简单的事，假装我们面对他人的敌意或冷漠时永远都不会失败，但我们需要重复一点：由于同情心存在于人性的本质当中，发挥同情心能让我们更加接近真实的自我。无论我们想要做出什么其他的改变，都要对所有人保持同情心，这不仅对我们和我们遇到的人来说是种变革性的经历，也会让我们更加接近真实。

然而对于很多人来说，仅仅是想要改变，甚至只是对外宣称自己想要改变，这些都不足以激励我们将它付诸行动，要证明这一点只需要看看我们实现了多少新年计划就知道了。这也是为什么有些人在这一过程中需要接受咨询师或治疗师的指导和支持。

致谢

《内在自我：发现真实自我的乐趣》这本书的雏形源于我与英格丽德·奥尔森（Ingrid Ohlsson）的一系列谈话，她是我在麦克米伦公司的出版商，我很感谢她对这一项目的信心，以及她在我写作的每一阶段对我的指导和支持。麦克米伦公司的高级编辑阿丽安娜·杜尔金（Ariane Durkin），给予了我温暖的鼓励、建设性的意见以及对本书结构的支持。英格丽德和阿丽安娜也得到了创意编辑纳奥米·凡·格罗尔（Naomi van Groll）和编辑助理贝琳达·黄（Belinda Huang）的大力支持。我也很感激麦克米伦公司的推广经理，克莱尔·凯格里（Clare Keighery），她负责本书的营销推广。

阿莉·拉沃（Ali Lavau）负责本书的校稿，她非常机敏、细致、周到和宽容，她让本书的观点更加有力，逻辑更加清晰。

我还要感谢艾莉莎·迪纳洛（Alissa Dinallo）出色的原创封面设计。

在写作过程中，罗斯·钱伯斯（Ross Chambers）、艾米·陈（Amy Chan）、斯科特·考德尔（Scott Cowdell）、大卫·戴尔（David Dale）、杰夫·邓肯（Geoff Duncan）、本·爱德华兹（Ben Edwards）、杰夫·加洛普（Geoff Gallop）、萨曼莎·海伦（Samantha Heron）、蒂姆·麦凯（Tim Mackay）和萨莉·雷诺夫（Sally Renouf）为我提供了宝贵的见解与鼓励。当然，本书的结论与他们无关，也与罗伯特·麦克劳克林（Robert Mclaughlin）无关。他于20世纪50年代将我从经济学中拯救出来，我从此之后转向心理学与哲学研究，无论是过去还是现在，我都欠他很多。

我的妻子希拉是本书的缪斯、研究助手、无畏的批评家和啦啦队队长，她在我写作的每一阶段都对我提供了支持。这本书是献给她的。

最后，尽管《内在自我：发现真实自我的乐趣》并不是社会研究著作，我还是要感谢数以千计的澳大利亚人，他们丰富了我对人性的理解，在我进行社会研究的学术生涯中，与我和我的同事们分享了无数个人故事和想法。正是因为他们对自己的观点、态度、希望、恐惧、悲剧、胜利、疑虑、失望的坦诚，才让我的研究成为可能，才让本书更加完整。本书引用了一部分他们的故事，并对他们的个人信息进行了强烈地伪装。